小悪魔女子大生の
サーバエンジニア日記

インターネットやサーバのしくみが楽しくわかる

aico・株式会社ディレクターズ 著

村井 純 監修

技術評論社

●免責

　本書に記載された内容は，情報の提供だけを目的としています。したがって，本書を用いた運用は，必ずお客様自身の責任と判断によって行ってください。これらの情報の運用の結果について，技術評論社および著者はいかなる責任も負いません。

　本書記載の情報は，2010年12月現在のものを掲載していますので，ご利用時には，変更されている場合もあります。

　以上の注意事項をご承諾いただいた上で，本書をご利用願います。これらの注意事項をお読みいただかずに，お問い合わせいただいても，技術評論社および著者は対処しかねます。あらかじめ，ご承知おきください。

●商標，登録商標について

・本書に登場する製品名などは，一般に各社の登録商標または商標です。なお，本文中に ™，®
　などのマークは省略しているものもあります。

●使用環境について

　本文中で説明に使用しているLinuxサーバは，CentOS 4.8です。クライアントOSはMacOSX10.6.5です。コマンドの使い方はこれらOSのバージョンに基づいています。

No. はじめに
Date

はじめまして！

『小悪魔女子大生のサーバエンジニア日記』を手に取っていただき

ありがとうございます。

はじめに

まずは私の自己紹介です。

都内の大学のフランス文学科に通っている3年生で，株式会社ディレクターズさんでアルバイトをさせてもらっています。

都内の大学のフランス文学科に通う3年生です。

イラストが好きということから，株式会社ディレクターズの事業の一つであるサーバのことを勉強しながら，イラスト付きのサーバエンジニアブログを描くことになったのですが，このブログを始めるまで，「サーバ」や「サーバエンジニア」のことはまったく知りませんでした。

インターネットやメールをちょっとやるだけ、そのしくみや、サーバ、サーバエンジニアという言葉も知りませんでした。

はじめに

　今まで知らなかったことを理解して言葉にすることのむずかしさやつらさもあり，今まで当たり前に使っていたインターネットやメールのしくみを知ったときの楽しさもあり，わかりやすい！──と言ってもらえたときの喜びもあり，

たくさんの気持ちを込めて本をつくりました。

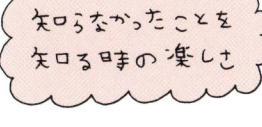

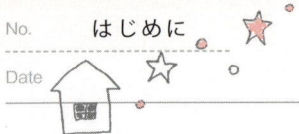

はじめに

　この本では，サーバエンジニアとして知っておくべきことのほんの一部が書かれています。

　まだまだ勉強するべきことはたくさん！　ですが，サーバエンジニアってむずかしそう……と思う人にこんなことをやってるよっていう参考になる，これからサーバエンジニアになりたい人に楽しく勉強できる，今サーバエンジニアとして働いている人の仕事の復習になる，そんな本になってるといいなと思っています。

2010 年 12 月　aico

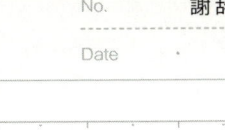

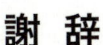

謝 辞

　ディレクターズさんでアルバイトをはじめて，小悪魔ブログを始めてから，たくさんの人に出会いました。

　私自身，ほんとにどこにでもいるような大学生で，今回，本を出版させてもらえることになったのは，まわりのみなさんのおかげです。

　小悪魔ブログをつくり，何もわからない私にいつもわかりやすく教えてくださった加藤社長，ディレクターズのみなさん。

　出版のチャンスをくださった技術評論社さんと，編集の池本さん，デザインをしてくれたデザイナーさん。

　忙しい中で監修をしてくださった村井純先生。

　ブログが話題になるきっかけを作ってくださったブログ「GoTheDistance」の著者の湯本堅隆さん。

　アルバイトを紹介してくれたみつえおばちゃん。

　いつも心配してくれていつも一番応援してくれてるお父さんとお母さんと弟の悠司。

　いつも不安な私を慰めてくれたりがんばれって言ってくれる私の大好きな人たち。

　そしていつも小悪魔女子大生のサーバエンジニア日記を読みに来てくれる読者のみなさん。

　本当にありがとうございます！

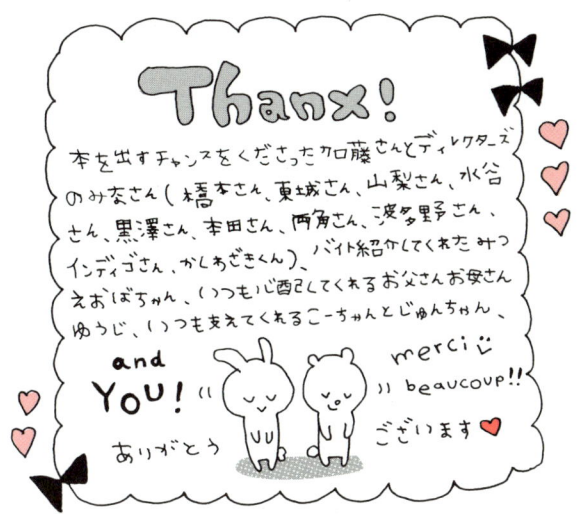

「小悪魔エンジニアの時代」

　インターネットの無い生活が考えられないようになって久しいですが，日頃「インターネット」と言っているのは検索やWEBなど，私たちが直接使うインターネットのことですね。しかし，ふだんは気が付かないさまざまなところにも，実はインターネットが働いています。スマートフォンの裏にもインターネット，電子書籍の裏にもインターネット，宅配便の裏にもインターネット，銀行や証券会社の裏にもインターネット，というように，インターネットが支える社会の仕組みはどんどん増えていて，インターネットはどこにでも空気みたいにあって当たり前，動いていて当たり前のものになりつつあります。一方では，新しいサービスや機能はどんどん生まれてくるわけで，やっぱり，あって当たり前のインターネットは，どうして動いているのかをしっかり知って，みんなが新しいネット社会をつくっていかないといけません。

　そんなことを考えていたときに，はじめて「小悪魔女子大生サーバエンジニア日記」のブログを読み，その構成やコンテンツに目を奪われました。インターネットはどうやって動いているのかということを，かわいらしく，しかし，良く調べ，じっくりと説明しているではないですか。

　たくさんの人が，このブログはプロが女子大生になりすまして書いてるんじゃないか，などとささやいていましたが，aicoさんは，正真正銘の女子大生でした。アルバイトでサーバの仕事をお手伝いしているわけですが，この「サーバのエンジニア」は，「インターネットがどう作られているか」とならんで，私が最も知ってもらいたいこと，「インターネットはどうして毎日いつも動いているか」ということの答えを作りだしているとても大切な仕事の種類です。動く仕組みと，それを動かしているエンジニアの人がいるからこそ，インターネットは情報社会の基盤であり続けることができるのです。

　そのエンジニアの視点で，動く仕組みに出会った驚きと感動を素直に語ってくれるのが，aicoさんの「小悪魔女子大生サーバエンジニア日記」です。

　aicoさんが生まれた時から当たり前のように動いていたインターネットが，どうして動いているのかをaicoさんと一緒に楽しく理解してください。そして，インターネットに新たな気持ちで参加したり，新しいインターネットの世界を作ったりする人が誕生することを心から祈っています。

WIDEプロジェクト　ファウンダー
慶應義塾大学教授　村井純

登場人物紹介

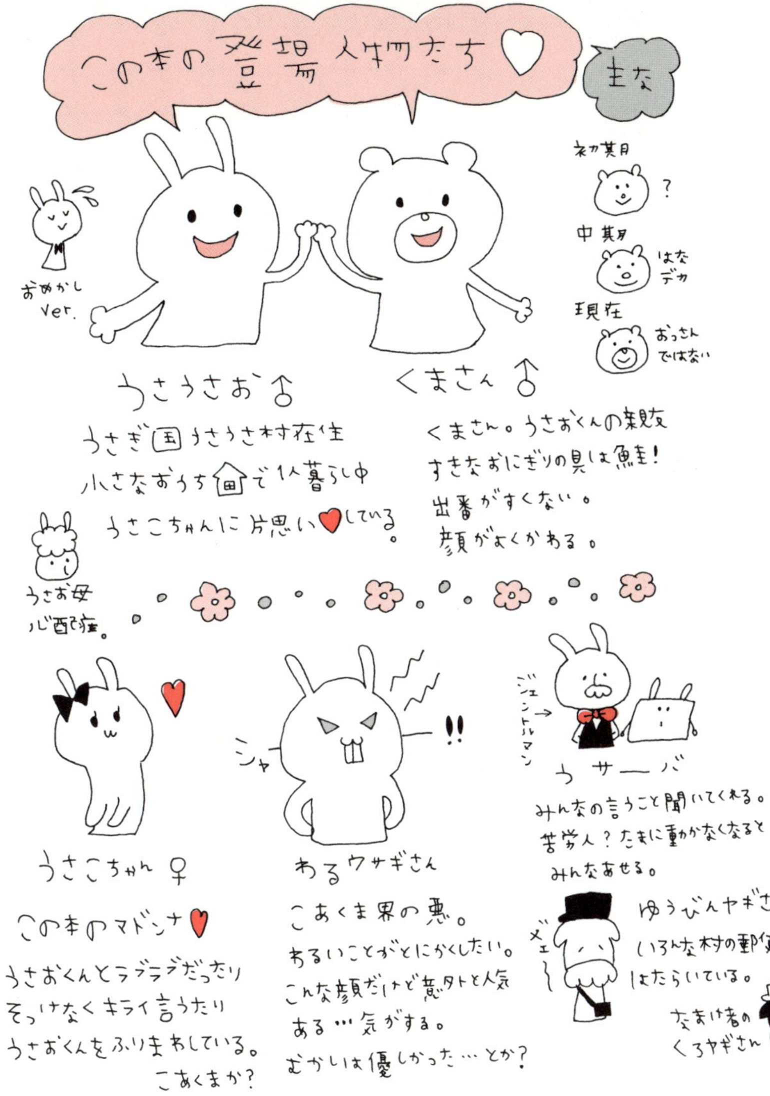

 contents

はじめに… **i**
謝辞… **iii**
推薦の言葉… **viii**
登場人物紹介… **ix**

インターネットのこと

1-1 そもそもインターネットって何だろう？…**002**
1-2 TCP/IP って何だろう？…**005**
1-3 IP アドレスとは何だろう？…**009**
1-4 IP アドレスを管理しているところはどこだ？…**013**
1-5 MAC アドレスとは何だろう？…**018**
1-6 IP アドレスのメリット…**021**
1-7 MAC アドレスと IP アドレスの関係…**025**
1-8 IP アドレスのグルーピング…**031**
1-9 ARP のしくみ…**044**
1-10 ルーティングとは何だろう？…**050**

- 2-1　DNS 今昔ものがたり…**064**
- 2-2　ドメイン名とホスト名って何だろう？…**069**
- 2-3　サブドメインとルートドメインって何だろう？…**075**
- 2-4　DNS のお仕事（その１）…**078**
- 2-5　DNS のお仕事（その２）…**081**
- 2-6　ルートサーバって何だろう？（その１）…**084**
- 2-7　ルートサーバって何だろう？（その２）…**087**
- 2-8　dig コマンドとレコード…**093**
- 2-9　whois コマンドとは？…**107**
- 2-10　逆引きって何だろう？…**114**

DNS って何？

contents

メールのこと

- 3-1 メールはどうやって送られているのだろう？…**122**
- 3-2 それぞれのメールサーバ…**128**
- 3-3 POPとIMAPの違い…**129**
- 3-4 SMTP-AUTHものがたり…**137**
- 3-5 メール課587ポート物語…**144**
- 3-6 メールヘッダーとエンベロープの役割…**150**
- 3-7 telnetでSMTPとお話してみよう！…**155**

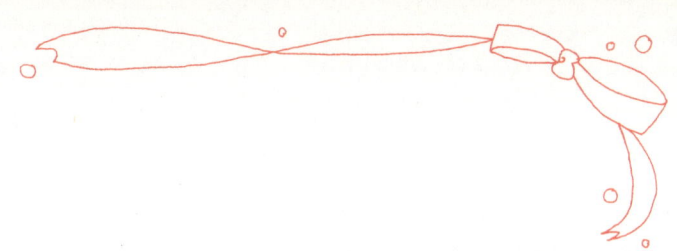

- 4-1　Web サーバと Web ブラウザ…**162**
- 4-2　WWW（World Wide Web）の歴史…**168**
- 4-3　WWW のしくみ…**173**
- 4-4　ステータスコードとは？…**177**
- 4-5　バーチャルホストとは？…**181**
- 4-6　SSL って何だろう？…**185**
- 4-7　OpenSSL で SSL の様子を見てみよう！…**192**

World Wide Web のこと

contents

サーバ管理のこと

- 5-1 サーバエンジニアとは？…198
- 5-2 サーバエンジニアのお仕事（その1）…201
- 5-3 サーバエンジニアのお仕事（その2）…205
- 5-4 sshって何だろう？（その1）…211
- 5-5 sshって何だろう？（その2）…214
- 5-6 暗号化はそんなに必要なのかな？…216
- 5-7 ログからアタックのすごさを見てみよー！…222
- 5-8 IP制限をしてみよう！…224
- 5-9 共通鍵方式と公開鍵方式…230
- 5-10 ホスト認証のしくみ…233
- 5-11 公開鍵暗号方式によるユーザー認証のしくみ…236

おわりに…239

第1章
インターネットのこと

Chapter 1 インターネットのこと

1-1 そもそもインターネットって何だろう？

インターネットとは，小さなネットワークがたくさん集まって，世界規模になった巨大なネットワークのことを言います。

その前にネットワークって何でしょう？

ネットワークとは，情報の流れる経路のこと。

糸電話みたいな感じで，2つ（もしくはそれ以上）をつないだ糸（経路）を情報が流れていく。それがネットワークです。

あなたがコンピュータで「小悪魔ブログ」を見たり，メールをしたりできるのはネットワークのしくみのおかげなのです。

1-1 そもそもインターネットって何だろう？

1 インターネットのこと

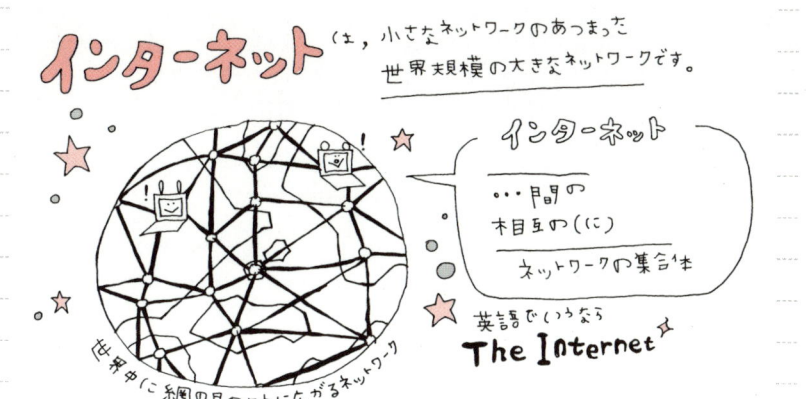

今はわたしたちのような普通の人が使っているインターネットですが，はじめは米国国防総省が進める研究の一環として，作られました。

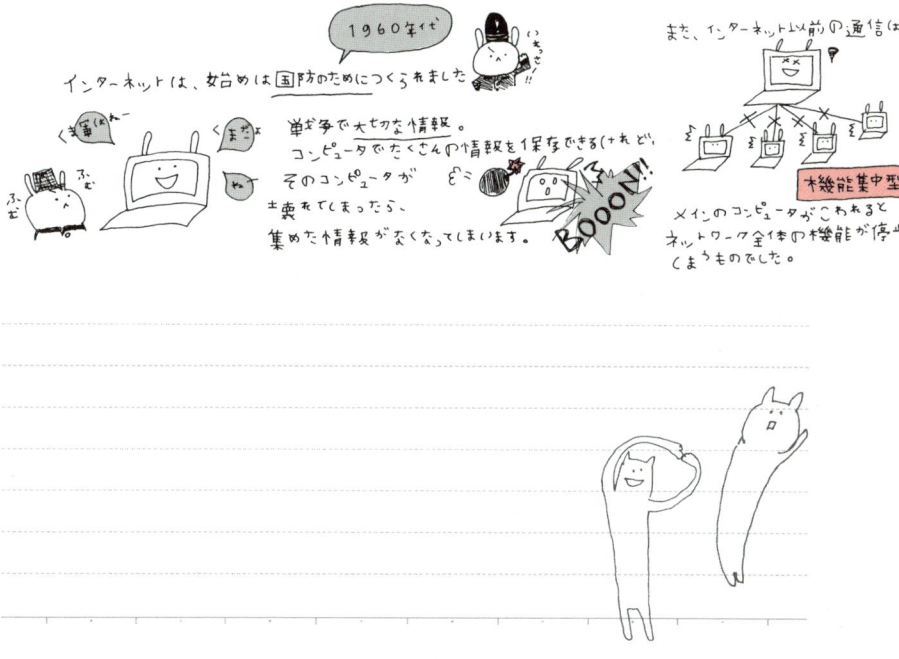

Chapter 1
インターネットのこと

　コンピュータって人間には覚えられないような量の情報を保存できて，すごく便利だけど，そのコンピュータのある場所が攻撃されて，コンピュータが壊れてしまったら集めた情報がなくなってしまいますよね。
　また，その当時使われていた通信機能は，ネットワークを管理するメインのコンピュータが壊れてしまうとネットワーク全体の機能が停止してしまうものでした。
　情報は国防においてとても大事なものです。それでは困りますよね。

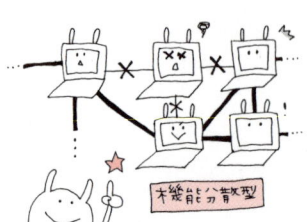

　そのため，メインのコンピュータを作らず，コンピュータを分散させて1つの経路が壊れても他の経路を使って通信ができるようにしました。
　それがインターネットの始まりです。
　このように，障害が起きてもすぐに他で対応できることが，現在，インターネットが世界中で広く使われている理由の1つなのです。

　インターネットは，世界規模のネットワークなのですから，みんなが守るべき約束ごとがあります。次は，その約束ごとについて勉強しましょう。

1-2 TCP/IP って何だろう？

　TCP/IP は，通信プロトコルです。通信プロトコルとは，ネットワーク上でデータの通信をするための手順や約束ごとの集まりのことです。

　たとえば郵便物を出すとしても，その郵便物に切手を貼って，次に郵便番号を書いて，宛先も書いて……なんて，郵便屋さんに届けてもらうためにやらなければならない決まりごとがたくさんありますよね。

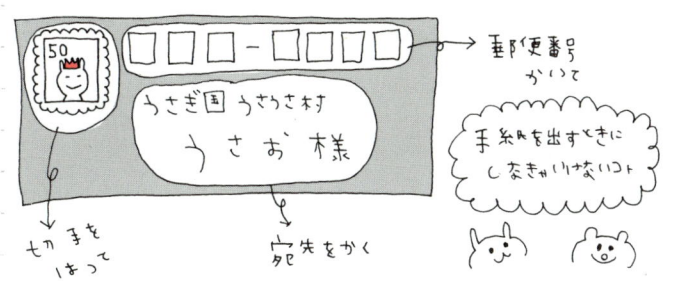

　同じようにコンピュータの世界でも，データの通信をするためにやらなくてはならない決まりごとがあるのです。
　それが通信プロトコルです。
　しかし，このプロトコルにもたくさんの種類があります。

Chapter 1 インターネットのこと

　たとえば，フランス語を話すマダムウサと日本語を話すうさ美さんは話をすることができません。
　だけどもし，2人が英語を話すことができたなら，共通言語である英語を使えば話すことができますよね。
　同じようにインターネットの世界でも通信用の共通言語が必要です。

それが，TCP/IP です！

TCP/IP は TCP（Transmission Control Protocol）と IP（Internet Protocol）の組み合わせでできています。

1-2 TCP/IPって何だろう?

1 インターネットのこと

インターネットではデータはパケットという小さな小包に分けられて送られます。

小さく分けられたパケットは1つずつ番号が付けられていて，受けとったら順番どおりもとの状態に戻す必要があります。
その役目をしてくれるのが TCP です。

TCP は送られてきた荷物が全部届いているか，壊れてないか……を確認して，正しく送られてたら，データのやりとりのチェックを終わらせましたよと連絡してくれたりします。

つまり，TCP はデータのやりとりを保証するためのプロトコルなのです。

Chapter 1 インターネットのこと

郵便物を送る時，ドコに届けてほしいか宛先を書く必要がありますよね。

同じようにコンピュータの世界でもデータの通信のための宛先を書く必要があります。その，宛先を書きなさいということを定めているのが IP というプロトコルで，宛先であるコンピュータの住所が IP アドレスです。

♥まとめ♥

- 通信プロトコルとは ネットワーク上でデータの通信をするための手順や約束ごとの集まり。
- インターネットで標準プロトコルとして使われているのは TCP/IP。
- TCP は Transmission Control Protocol の略。
- TCP はデータのやりとりの保証のためのプロトコル。
- IP は Internet Protocol の略。
- IP アドレスをかくことを定めているのが IP というプロトコル。

1-3 IPアドレスとは何だろう？

IPアドレスとは，ネットワーク上につながれたコンピュータ一台ごとに割り振られる番号で，コンピュータの住所のようなものです。

インターネット上につながれたコンピュータのIPアドレスは基本的には重複することはありません。

Chapter 1
インターネットのこと

コンピュータは画面上に写真や絵や文字を表示したり，音楽を流したりすることもできます。
しかし！　このコンピュータ，実は 0 と 1 しかわからないのです。

コンピュータの情報は ON を 1，OFF を 0 として，その 0 と 1 を組み合わせて表現しています。この 0 と 1 の 2 つの数字だけを使って数値を表す方法を 2 進数と言います。

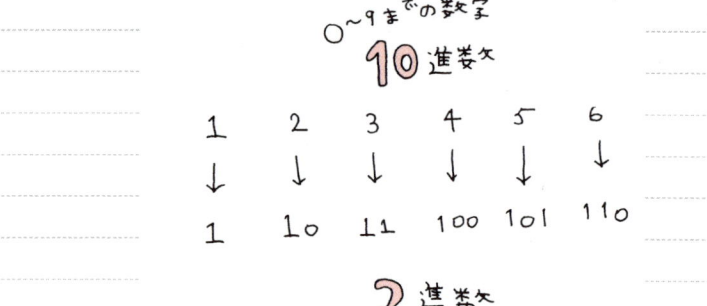

IP アドレスは，この 2 進数を，わたしたちが普段使っている 10 進数に直した数値で作られています。
IP アドレスの形を小悪魔ブログの IP アドレスを参考に見てみましょう。

1-3 IPアドレスとは何だろう？

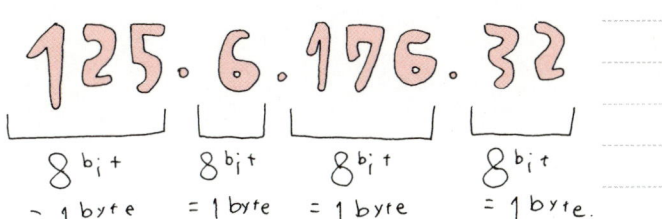

IPアドレスは，32ビットの列で8ビットごとに4つに区切った10進数の形で表記されています。

ビットとは，コンピュータが扱う情報の最小単位で，binary digit（2進数数字）の略です。

つまり，コンピュータの使う1と0はONとOFFのことで，いわば電球1個ということですね。

そのため
0〜255 . 0〜255 . 0〜255 . 0〜255 ＝ 約43億のIPアドレス

インターネットのこと

Chapter 1
インターネットのこと

　1ビットで0か1かの2通り，8ビットになると256通りの表現ができます。そのため，IPアドレスは0.0.0.0から255.255.255.255まであって約43億個存在しています。
　また，この形は，TCP/IPの基本機能であるIPv4というプロトコルに基づいています。

- ♥ IPアドレスとはネットワーク上につながれたコンピュータに割りふられる番号で、コンピュータの住所のようなもの。

- ♥ ネットワークにつながれたコンピュータのIPアドレスはかぶらない。

- ♥ コンピュータは0(OFF)、1(ON)の2進数を使っている。

- ♥ IPアドレスは32ビットの列で8ビットごとに4つに区切った10進数の形。

- ♥ IPアドレスは0.0.0.0〜255.255.255.255の約43億個存在する。

- ♥ この形はIPv4というプロトコルに基づいている。

1-4 IPアドレスを管理しているところはどこだ？

すべてのIPアドレスはICANNによって管理されています。

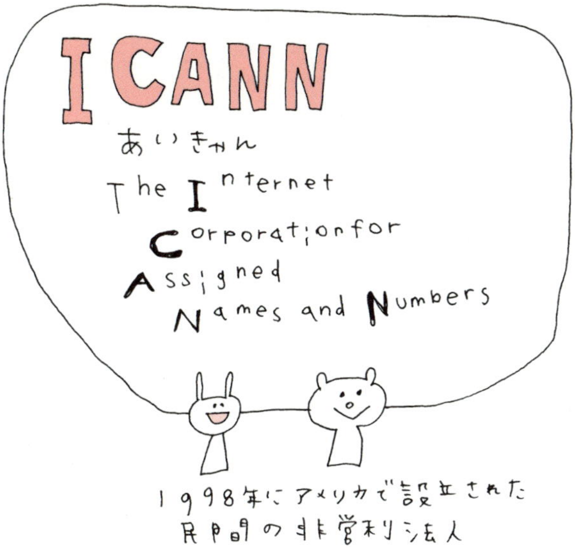

ICANN
あいきゃん
The Internet Corporation for Assigned Names and Numbers
1998年にアメリカで設立された民間の非営利法人

ICANN (The Internet Corporation for Assigned Names and Numbers)※ は1998年にアメリカで設立された民間の非営利法人です。

インターネットの参加者が集まってドメイン名やIPアドレスなど，インターネット上の資源の管理や割り当て方針を取り決めます。

IPアドレスの分配はインターネットレジストリと呼ばれる組織によって管理・分配が行われています。

※ IANA (Internet Assigned Numbers Authority) は，ICANNの方針に従ったIPアドレスや必要な番号の管理を行い，実際の割り当てはインターネットレジストリと呼ばれる組織によって行われています。

Chapter 1
インターネットのこと

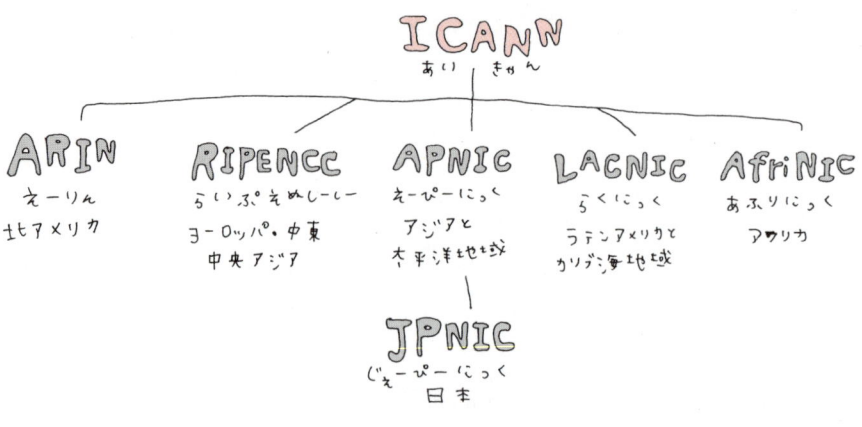

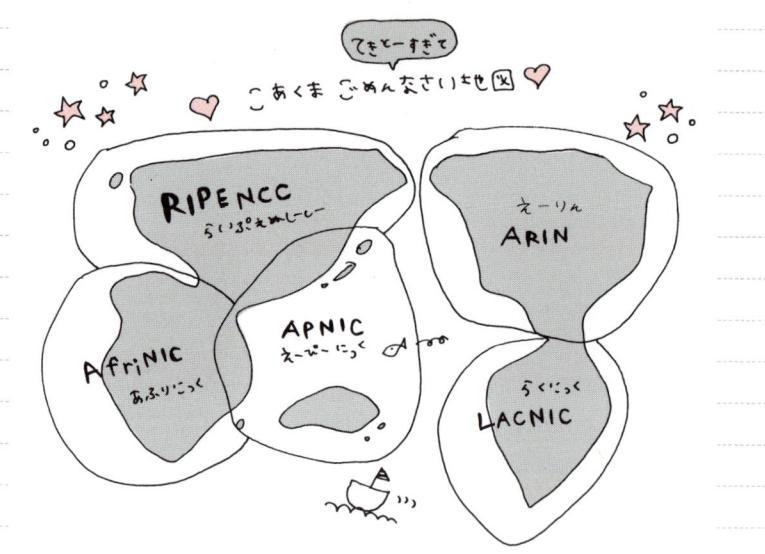

日本のIPアドレスはアジア太平洋地域におけるアドレス管理を行っているAPNIC（Asia Pacific Network Information Centre）の管理下にある国別インターネットレジストリであるJPNIC（社団法人日本ネットワークインフォメーションセンター）によって管理されています。

1-4 IPアドレスを管理しているところはどこだ？

Japan Network Information Center
JPNIC
じぇーぴーにっく
社団法人日本ネットワークインフォメーションセンター

日本国内でグローバルIPアドレスの割り当て等を行っている。

ちなみにIPアドレスの割り振りの流れはというと、

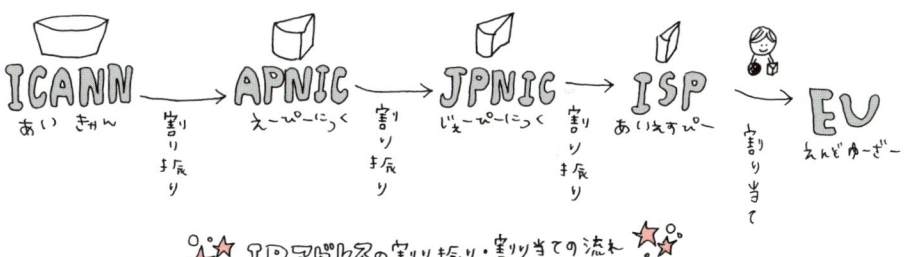

ICANN（あいきゃん）→ 割り振り → APNIC（えーぴーにっく）→ 割り振り → JPNIC（じぇーぴーにっく）→ 割り振り → ISP（あいえすぴー）→ 割り当て → EU（えんどゆーざー）

☆ IPアドレスの割り振り・割り当ての流れ ☆

IPアドレスは日本では、インターネットレジストリのJPNICがISPに割り振りして、割り振られたIPアドレスをさらに切り分けて、個人や会社や団体へと貸し出しという形で割り当てをしています。

Chapter 1 インターネットのこと

ここでちょこっと小話。この割り振りと、割り当て。同じようで意味が違うんですって。

割り振りは、全体を与える相手に応じた分に分けて確保させること。割り振られた人はそれをさらに分配するので、自分で使うためにもらうのではありません。

割り当ては全体を分けて使いたい人に配ることです。割り当てられた人は使うためにもらいます。

インターネットの普及にともない、IP アドレスの枯渇という問題が生まれました。

JPNIC では、「2011 年ないし 2012 年にすべての地域インターネットレジストリにおいて未分配 IPv4 アドレスの在庫がなくなってしまうと予測されています」と伝えています。

そこで、IPv6 という新しいインターネットプロトコルが生まれました。

1-4 IPアドレスを管理しているところはどこだ？

　IPv4が32ビットであったのに対し，IPv6は128ビットで約340澗（340兆の1兆倍の1兆倍！）ものアドレスが使えるようになります。
　しかし，逆引きが困難なことやIPv4との互換性がないことなどデメリットも多く，普及が遅れています。

まとめだよ〜

- すべてのIPアドレスは <u>ICANNが管理している</u>

- 日本のIPアドレスを管理しているのはICANNの管理下にあるアジア太平洋地域のAPNICの管理下にある <u>JPNIC</u>

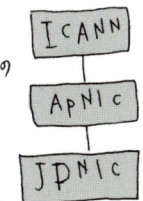

- JPNIC（日本ネットワークインフォメーションセンター）

- <u>IPアドレスの枯渇問題</u>は <u>IPv4</u>のIPアドレスが2011年ないし2012年に未分配のものが無くなってしまうという問題

- <u>IPv6</u>は128ビットでIPアドレスの枯渇の問題解決のため生まれたが，<u>IPv4との互換性がない</u>ためあまり普及していない

Chapter 1 インターネットのこと

1-5 MAC アドレスとは何だろう？

　MAC アドレスとは，NIC ごとに割り当てられた固有の番号で，個々の NIC に対し 48bit の番号がつけられています。

MAC アドレスは NIC ごとにわりあてられた
Media
Access
Control
固有番号で、個々のNICに対し
48bitの番号がつけられています。

NIC ってなんだー？

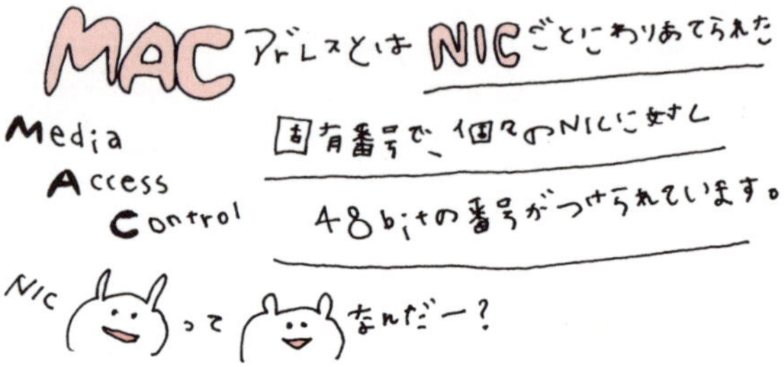

　さてさて……。「NIC ってなんだー？」とうさぎさんとくまさんが言ってますね。

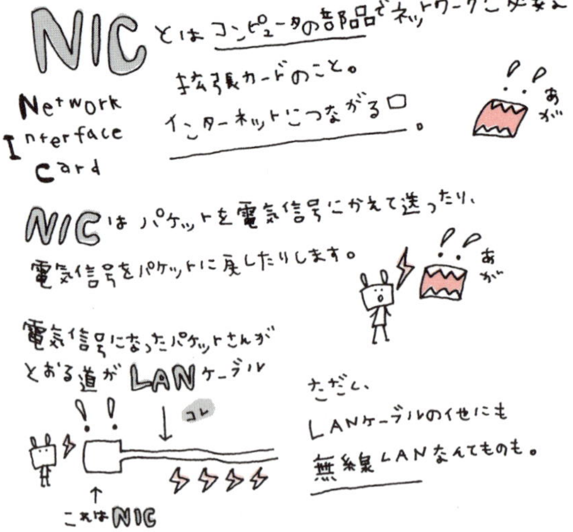

NIC とはコンピュータの部品でネットワークに必要な
Network
Interface
Card
拡張カードのこと。
インターネットにつながる口。

NIC はパケットを電気信号にかえて送ったり、
電気信号をパケットに戻したりします。

電気信号になったパケットさんが
とおる道が LAN ケーブル
↓コレ
↑
これは NIC

ただし、
LAN ケーブルのかわりにも
無線 LAN なんてものも。

1-5 MACアドレスとは何だろう？

NICとは，コンピュータの部品で，ネットワークにつながる口のようなものです。

NICはパケットになったデータを電気信号に変えてLANケーブル（もしくは無線LAN）に乗せて送ったり，LANケーブルからやってきた電気信号をパケットに戻したりします。

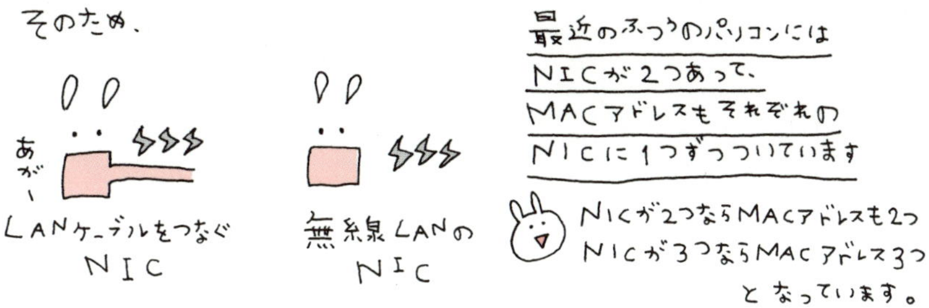

そのため，

LANケーブルをつなぐNIC　　無線LANのNIC

最近のふつうのパソコンにはNICが2つあって，MACアドレスもそれぞれのNICに1つずつついています

NICが2つならMACアドレスも2つ
NICが3つならMACアドレス3つ
となっています。

最近のノートパソコンにはNICが，LANケーブルをつなぐ用とケーブルを使わない無線LAN用と2つあるため，それぞれのNICにそれぞれのMACアドレスがつけられています。

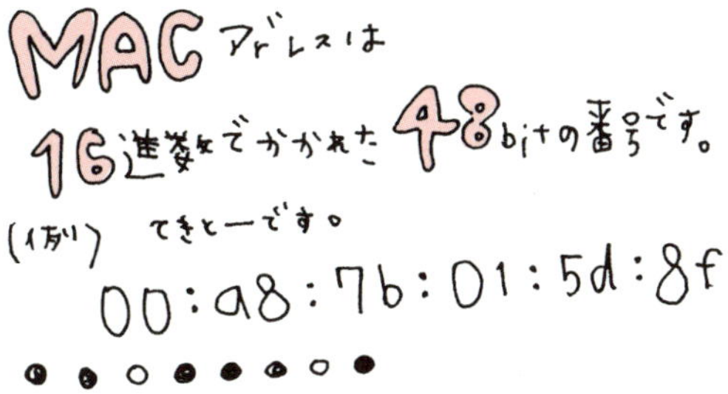

MACアドレスは16進数でかかれた48bitの番号です。

(例) てきとーです。
00:a8:76:01:5d:8f

MACアドレスは16進数で書かれた48bitの番号です。

Chapter 1
インターネットのこと

(例) `00:a8:76` : `01:5d:8f`

↑ ベンダーコード Vendor code / 売る人 / 製品の販売会社

↑ 独自コード (製品コード) / 各販売会社が独自につけた NICの番号

⇒ IEEE によって決められている

MACアドレスは決してかぶることがなく、281,474,976,710,656通りもあります！

IEEE ＊ 米国電気電子学会
Institute of Electrical and Electronic Engineers

たとえばこあくまパソコンはmacbook (Apple) なのでベンダーコードは 00:1e:c2 です。

MACアドレスはベンダーコードと独自コードの2つのコードによって作られています。ベンダーコードとは前半の数字3つ（24bit分）で製品の販売会社ごとにつけられたコードでIEEEによって決められています。独自コードは製品のコードで，各販売会社が独自につけたNICの番号です。MACアドレスは，同じものは決して存在しません。

MATOME!!

- 🐝 コンピュータの部品の1つで、LANケーブル(や無線LAN)をつなぐインターネットにつながる口をNICと呼ぶ。
- 👓 NICは最近のふつうのパソコンには2つついてて、NIC1つに対し1つMACアドレスがある。(LANケーブル用と無線LAN用💡)
- 🖍 MACアドレスは16進数でかかれていて48bitある。
- ♥ MACアドレスはNIC1つ1つの番号だから決してかぶらない。
- 🐻 MACアドレスはベンダーコードと独自コードでできている。
- 🦇 ベンダーコードとは製品の販売会社のコード。

1-6 IPアドレスのメリット

　IPアドレスもMACアドレスも，ともにインターネットに接続しているコンピュータに振られているものですが，そもそもなぜ2つのアドレスがあるのでしょう？
　実はMACアドレスだけでも通信はできるのです。

実はMACアドレスだけでも通信はできるのです＊

MACアドレスを知っていれば通信は可能です。

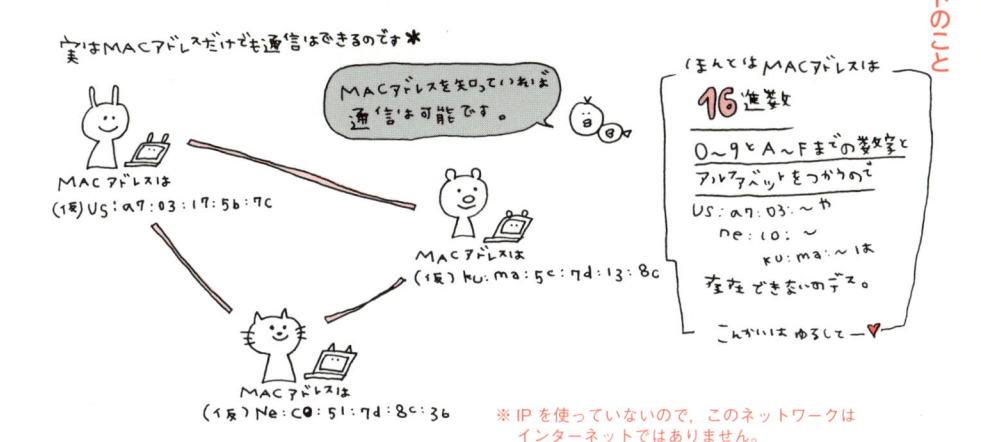

MACアドレスは
(仮) US:a7:03:17:56:7c

MACアドレスは
(仮) ku:ma:5c:7d:13:8c

MACアドレスは
(仮) Ne:co:51:7d:8c:36

ほんとはMACアドレスは
16進数
0〜9とA〜Fまでの数字とアルファベットをつかうので
us:a7:03:〜 か
ne:co:〜
ku:ma:〜 は
在在できないのです。
こんずいはゆるして〜♥

※IPを使っていないので，このネットワークはインターネットではありません。

　うささんとくまさんとねこさんがデータのやりとりしようよ！——となったら，うささんはくまさんとねこさん2人分のMACアドレスを知っていればいいのです。そしてこの3人の間にはIPアドレスは必要ないのです。
　——ならば，「なぜIPアドレスは必要なのでしょうか？」

3人だけならよいのです。だって2人分おぼえてればいいんですもんね。
だけどもし1000人いたら？1億人いたら？いやいやもっともっといたら？

くまさんは〜で
ねこさんは〜だね！

1億ものMACアドレス
おぼえきれないよ！

Chapter 1
インターネットのこと

ネットワークを使うのがうささんとくまさんとねこさん。3 人だけならいいのです。

でもネットワークを使っているのは 3 人ではありません。1000 人，1 億人，もっと？ そんなには覚えられないですよね。

もし覚えることができたとしても，通信をするたびに 1 億の中から，くまさんやねこさんの MAC アドレスを思い出さないとなりません。……「そんなの効率悪すぎ！」ですよね。

そこで IP アドレスが登場します！

1-6 IPアドレスのメリット

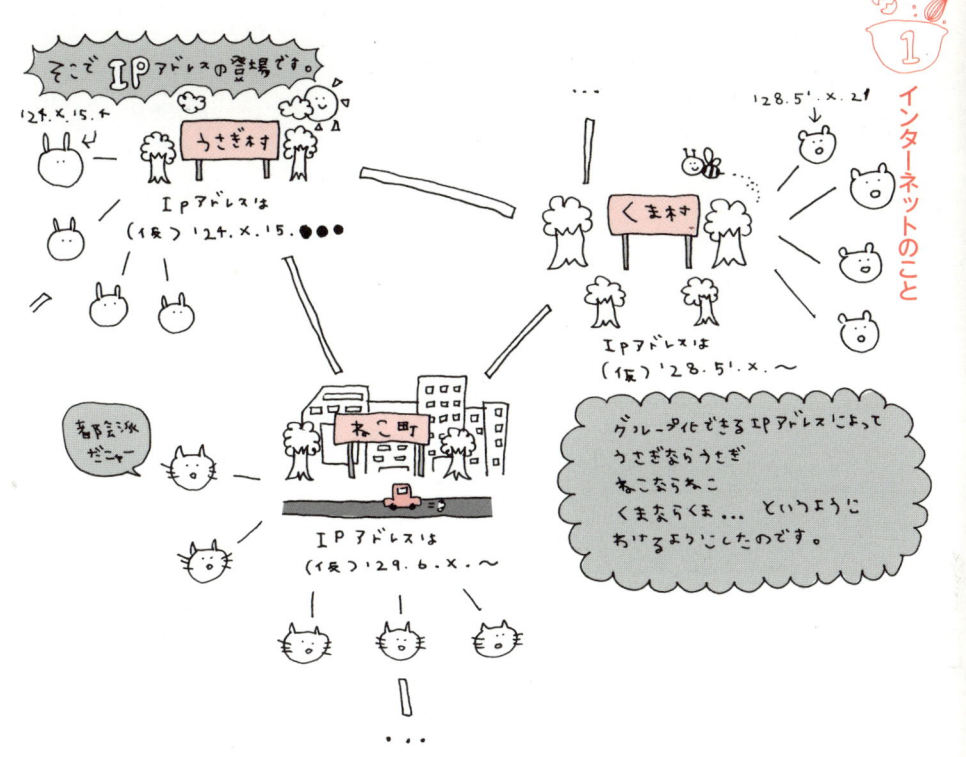

実はIPアドレス，グループ分けができるのです。

うさぎならうさぎ村，くまならくま村，ねこならねこ町……このグループ化の方法はまた1-8節で説明しますが，グループ化によって効率よく通信をすることができるようになるので，世界規模のインターネットではIPアドレスを使っています。

でも，せっかくMACアドレスがあるんだから「IPアドレスなんて作ってアドレスを2つにするより，MACアドレスでグループ化すればいいじゃん！」と思う人もいるかもしれません。

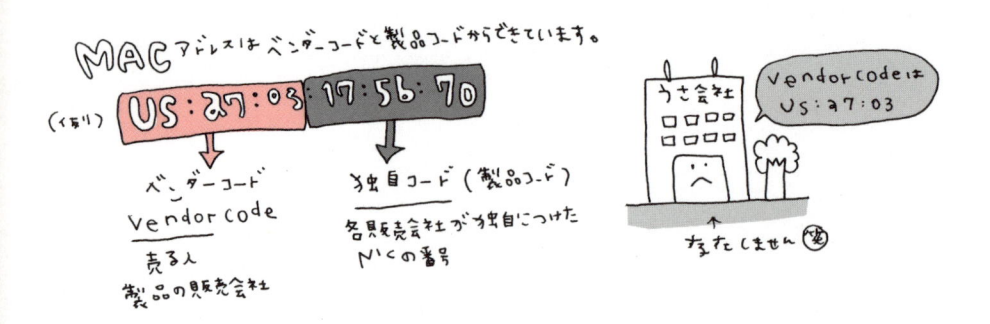

Chapter 1 インターネットのこと

MACアドレスはベンダーコードと製品コードからできています。

(くらい) `US:27:03` `17:56:70`

- ベンダーコード Vendor code
  売る人
  製品の販売会社
- 独自コード（製品コード）
  各販売会社が独自につけたいくつの番号

うさ会社 → Vendor codeは US:27:03
↑存在しません（笑）

MACアドレスはベンダーコードと製品コードからできています（1-5節参照）。ベンダーコードとは製品の販売会社の番号です。

だから例えばうさぎ村でも
`US:27:03:17:56:7c` うさぎ社
`ne:co:51:84:52:7c` ねこ社
`ku:ma:5c:8d:14:9d` くま社

みんな同じうさぎでもちがう会社のパソコンで、MACアドレスもバラバラです。

MACアドレスには規則性がないのでグループ化ができないのです。

だから，たとえばうさぎ村でも，うさぎ社のコンピュータ，ねこ社のコンピュータ，くま社のコンピュータ……いろんな会社のコンピュータを使っているうさぎさんが存在するわけです。

IPアドレスは後から割り当てができますが，そうなるともうMACアドレスはみんなそれぞれバラバラ。

MACアドレスはハードウェアに依存するので，規則性がなくグループ化ができないのです。

インターネットはグループ化できるIPアドレスによって，効率的に運用ができているわけです。

1-7 MAC アドレスと IP アドレスの関係

IP アドレスがグループ分けに使われていることがわかったところで，どんなふうに IP アドレスと MAC アドレスが使われているか，くまさんへの郵便がどう流れていくのか見てみましょう。

IP アドレスも MAC アドレスも共にインターネットに接続している機械に振られているものですが，実はこの 2 つは利用されている場面（レイヤー）が違います。

IP アドレスと MAC アドレスの関係を，郵便を送るしくみを例にして考えてみました！

うささんがくまさんに小包を送るようですね。

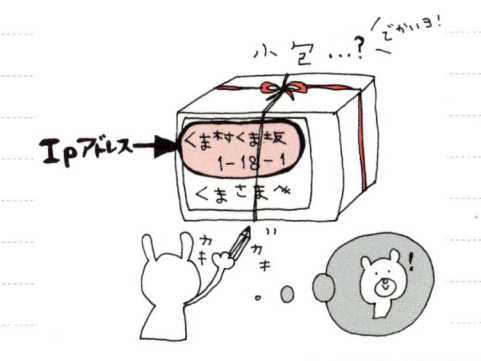

宛先に「くま村くま坂 1-18-1」としっかり書きました。これが IP アドレスです。これをうささんは配達やぎさんに郵便局に持って行ってと言って渡しました。

Chapter 1 インターネットのこと

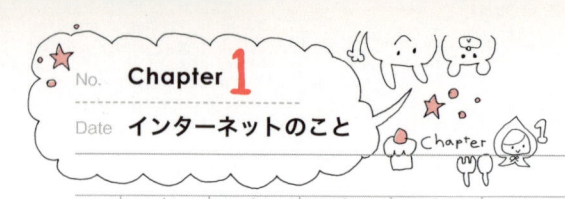

　小包を受け取り，郵便局に運ぶ配達員さん。
　ここで配達やぎさんは小包の住所（IPアドレス）は見てないですよね？　うささんに小包を郵便局に持って行ってと言われたので郵便局に運んでいるだけです。
　この「郵便局行き！」というのがMACアドレスです。

　このように配達員が手紙を渡されてから郵便局へ行く間は，小包に書かれた実際の住所（IPアドレス）は見ておらず，何を手掛かりに運んでいるかというとMACアドレスです。
　郵便局の2階に持ち込まれた荷物は，3階で次はどこに持って行くのか仕分けをされます。

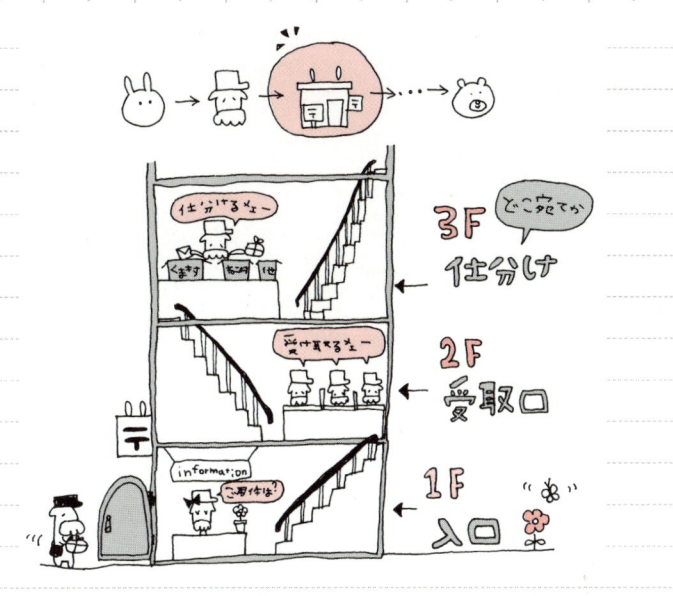

1-7 MACアドレスとIPアドレスの関係

この時，仕分けをするやぎさんが見るのは住所（IPアドレス）です。この小包は，くま郵便局に送るように，指示がでたようです。

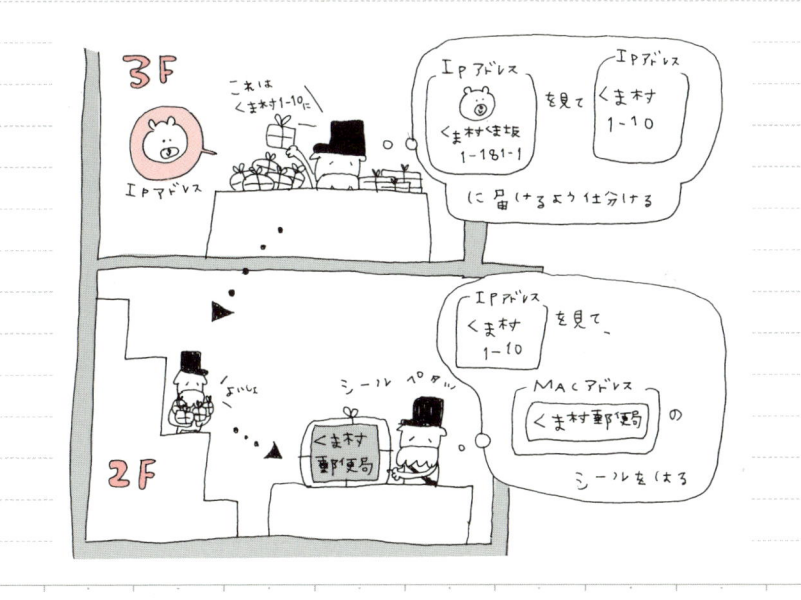

Chapter 1
インターネットのこと

今度はくま郵便局（MACアドレス）に小包が送られます。

ここでも同じように，配達員は荷物に書かれたくまさんの住所（IPアドレス）は見ていません。

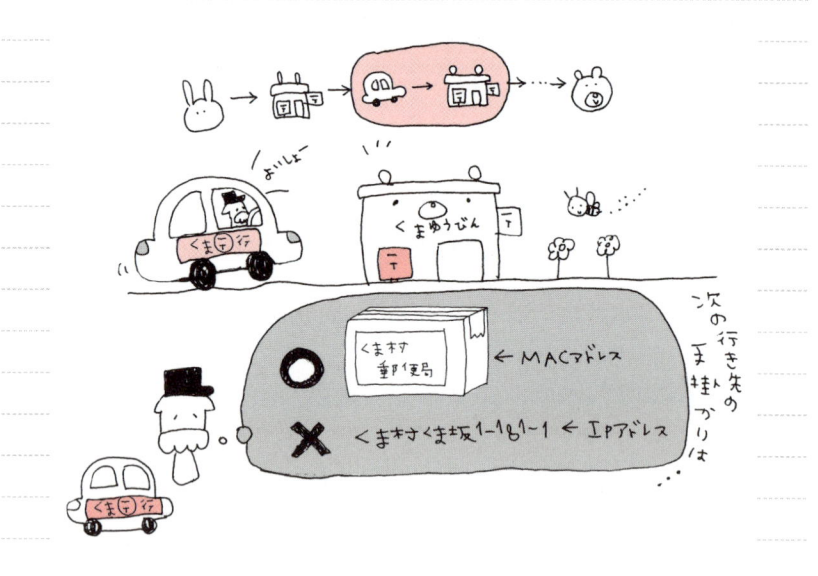

くま郵便局の2階に小包が着きました。さっきと同じように3階で仕分け作業が行われます。

おや，今度は住所がくま郵便局内であったので，くまさん（MACアドレス）に届けるように指示がでたようです。

1-7 MACアドレスとIPアドレスの関係

最終のやぎ配達員は，振り分け人から，これくまおさんに配達してといわれて配達に出かけます。

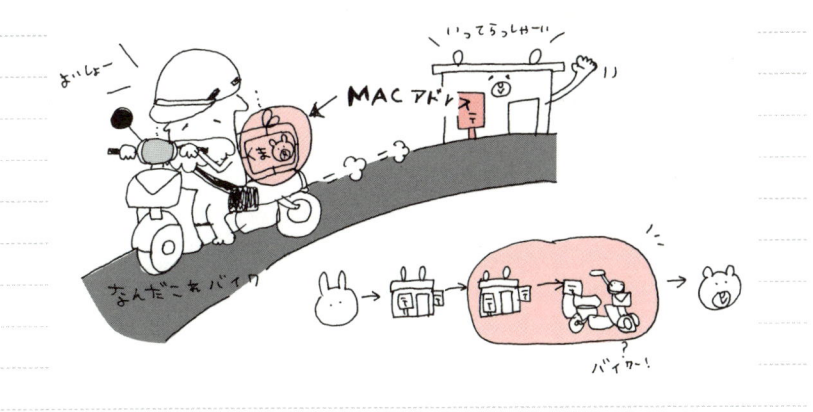

ここでも同じく，配達員は荷物の住所（IPアドレス）は見ていません。

Chapter 1 インターネットのこと

無事, くまおさんに小包が届きました。

まとめです！

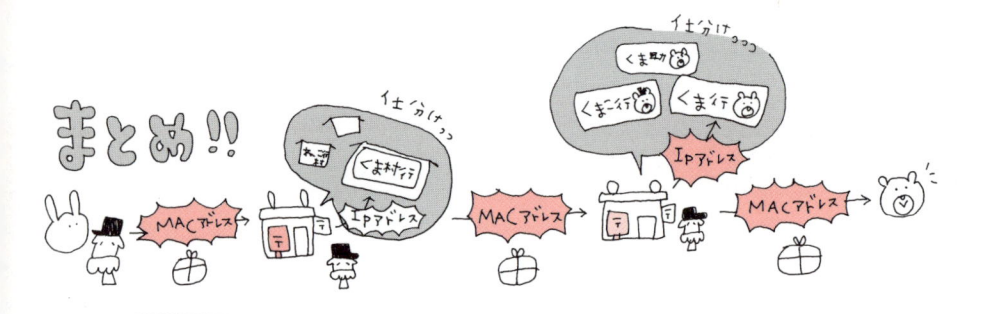

- IP アドレスは最終目的地の住所を示していて, 荷物を振り分ける際に使われる
- MAC アドレスはとりあえず（隣接機器）の行先を示していて, データの転送に使われる

1-8 IPアドレスのグルーピング

　IPアドレスがグルーピングできることで，インターネットは効率よく動いていますが，IPアドレスはどのようにグループを作っているのでしょうか？

　IPアドレスは連続する番号を1つのグループとして扱います。もともとIPアドレスはクラス分けという方法でグルーピングして割り振りされていました。

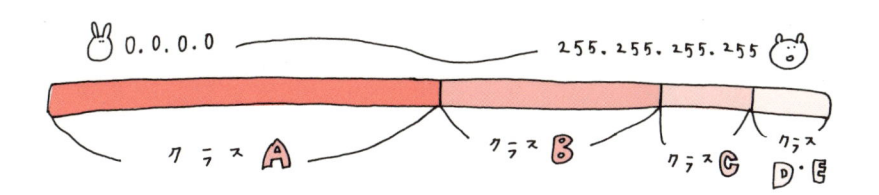

　割り振り用に使われていたA～Cのクラスについて説明します。

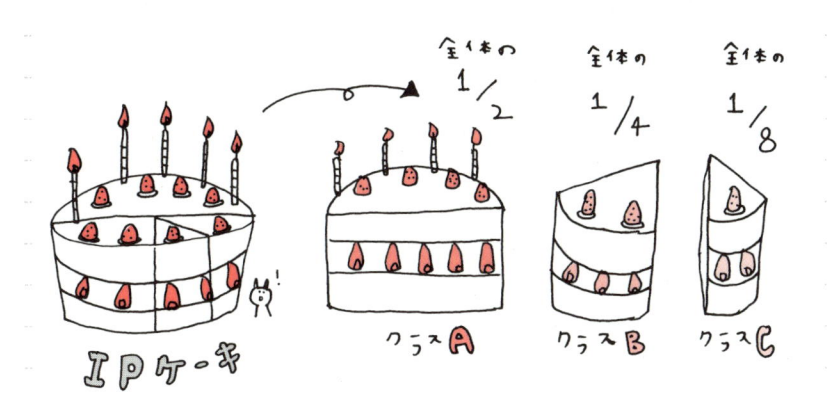

　IPアドレスをクラスごとに分けると，クラスAが2分の1，クラスBが4分の1，クラスCが8分の1を占めます。

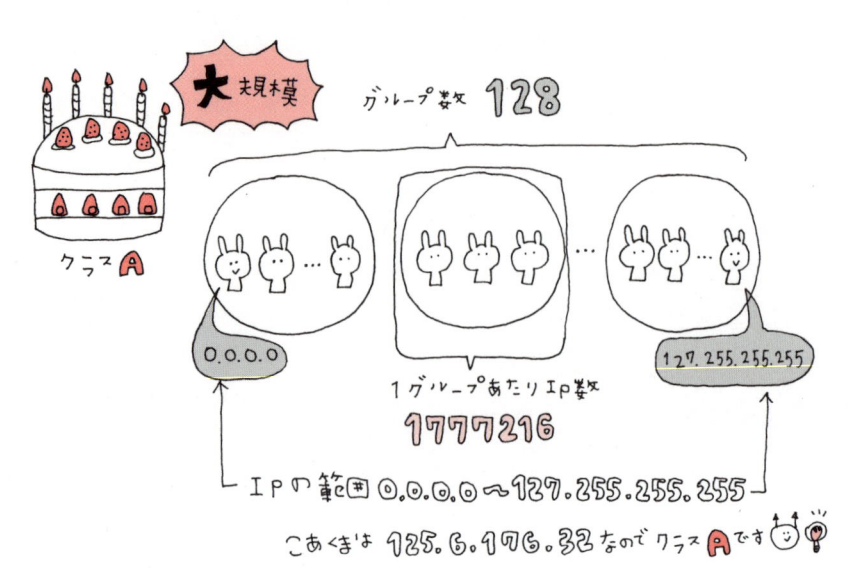

Chapter 1
インターネットのこと

大規模

グループ数 **128**

クラスA

0.0.0.0 〜 127.255.255.255

1グループあたりIP数 **17777216**

IPの範囲 0.0.0.0〜127.255.255.255

こあくまは 125.6.176.32 なのでクラス**A**です

　　クラス分けの方法だと，こあくまのIPは125.6.176.32なので，IPアドレスから，クラスAの125.0.0.0〜125.255.255.255のグループに属していることがわかります。

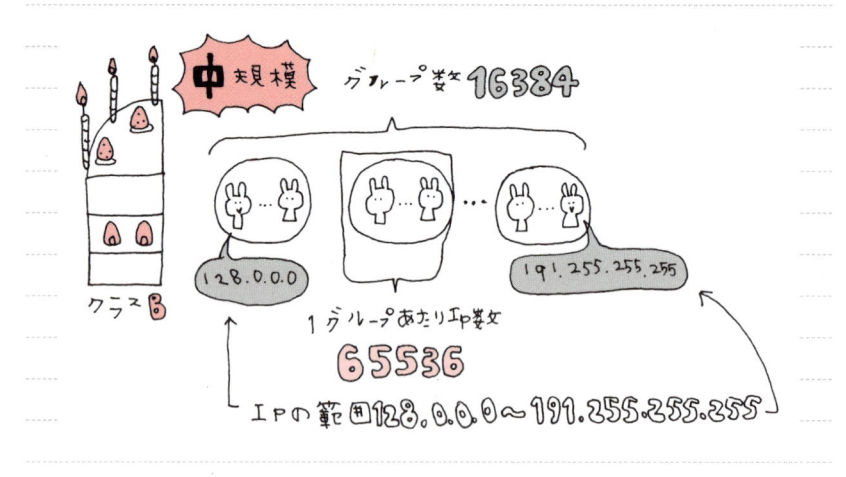

中規模

グループ数 **16384**

クラスB

128.0.0.0 〜 191.255.255.255

1グループあたりIP数 **65536**

IPの範囲 128.0.0.0〜191.255.255.255

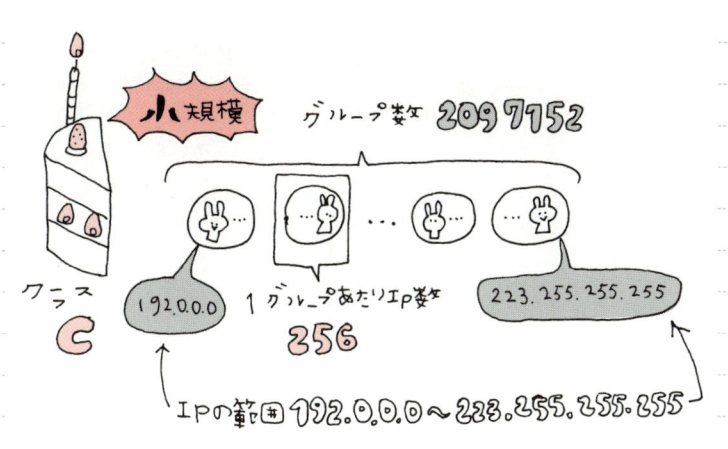

1-8 IPアドレスのグルーピング

1 インターネットのこと

小規模
グループ数 **209 7752**

クラス **C**　192.0.0.0 … 223.255.255.255
1グループあたりIP数 **256**

IPの範囲 192.0.0.0 〜 223.255.255.255

　クラス分けの方法は，IPアドレスだけでグループを特定できるので便利ですが，この分け方だとクラスCの場合，IPアドレスが少なすぎるけど，クラスBでは多すぎる！　というようなISP（ネットワーク事業者）にも，クラスBが割り振られることになり，使われないIPアドレスができてしまいました。

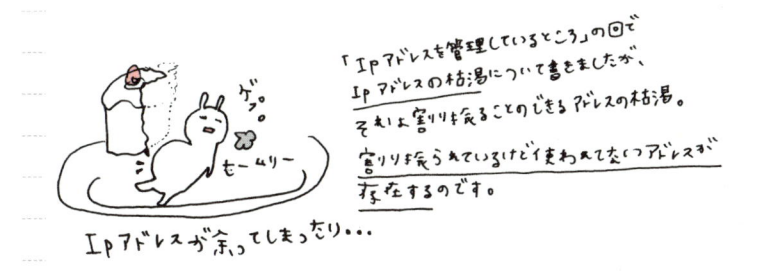

IPアドレスが余ってしまったり…

「IPアドレスを管理しているところ」の回でIPアドレスの枯渇について書きましたが、それは割り振ることのできるアドレスの枯渇。割り振られているけど使われてない1つアドレスが存在するのです。

　そこで，IPアドレスを割り振る際に，クラスをさらに小さく分けるサブネット分割という方法をやってみたりもしましたが，やはりクラスの考え方に縛られてしまうので，現在はクラスの考えを無視したグルーピング方法が主流となりました。
　これを「クラスレスアドレッシング」と言います。

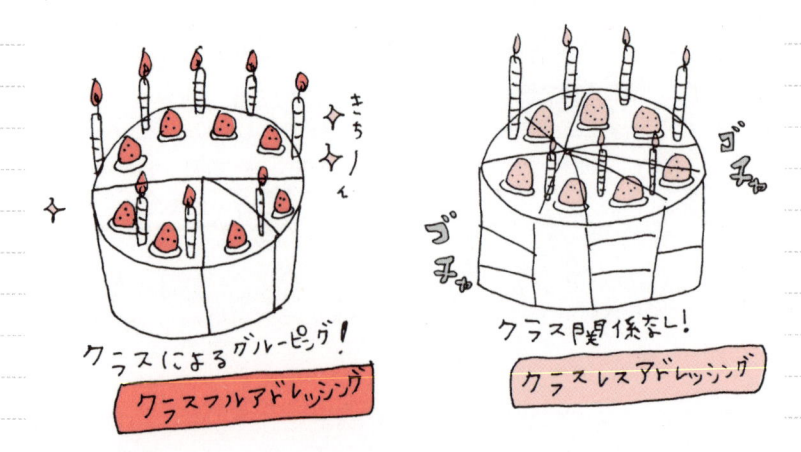

Chapter 1 インターネットのこと

クラスによるグルーピング！
クラスフルアドレッシング

クラス関係なし！
クラスレスアドレッシング

　このクラスレスアドレッシングを実現するのが CIDR (Classless Inter-Dmain Routing) です！

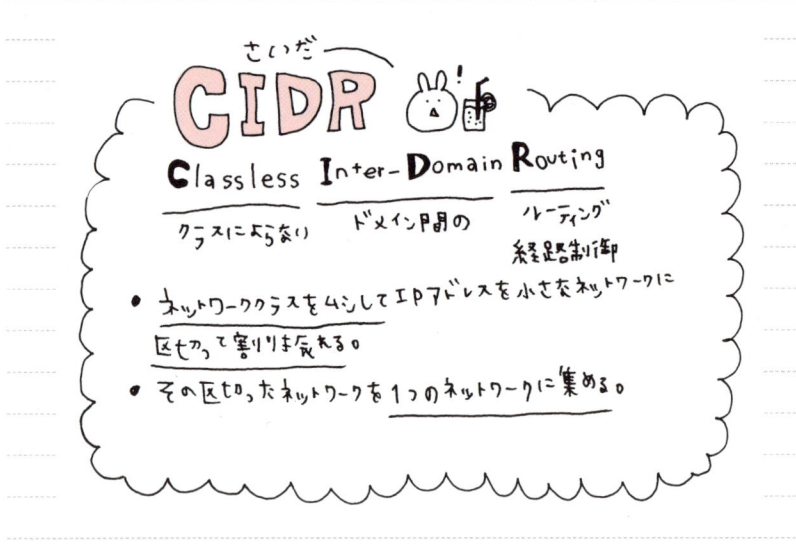

CIDR（さいだー）
Classless **I**nter-**D**omain **R**outing
クラスによらない　ドメイン間の　ルーティング／経路制御

- ネットワーククラスをムシしてIPアドレスを小さなネットワークに区切って割り当てる。
- その区切ったネットワークを1つのネットワークに集める。

　この方法ではIPアドレスというのは，ネットワーク部とホスト部に分けることができます。IPアドレスはもとは2進数の数字の並び，0と1の羅列です。ネットワーク部はIPを2進数にしたとき，そのグループ内で変化しない部分のことです。

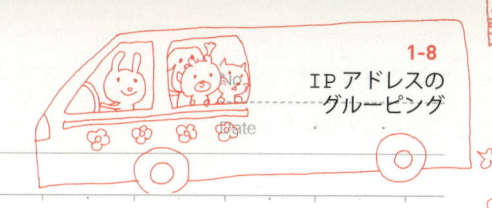

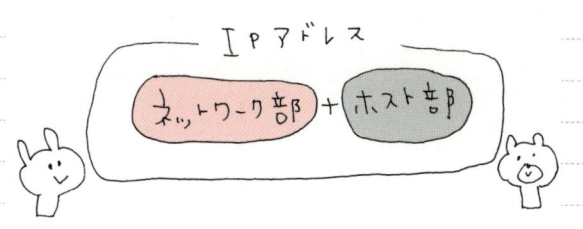

1-8 IPアドレスのグルーピング

小悪魔のIPアドレスは，125.6.176.32 です。これを2進数で表すと，01111101 00000110 10110000 00100000 になりますが，これだけではどこまでがネットワーク部でどこからがホスト部なのかわかりません。

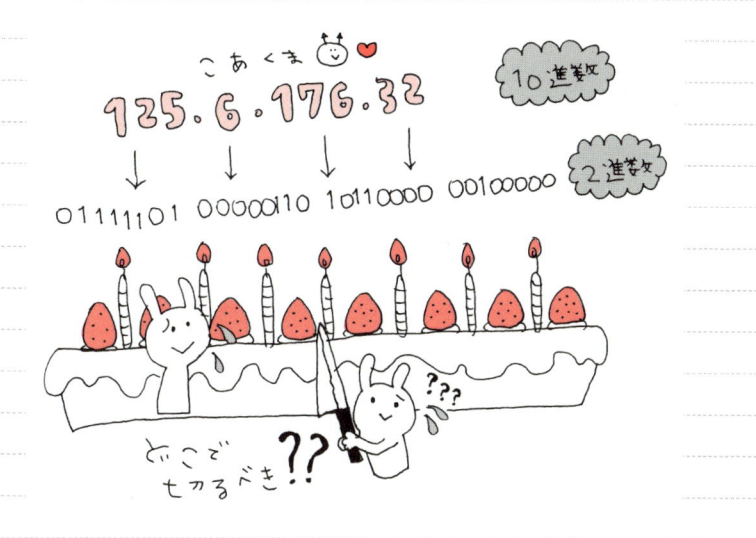

なので，分けるための目印が必要になります。それがサブネットマスクです！

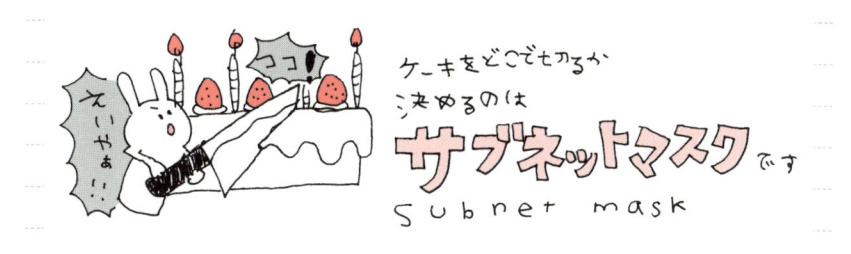

Chapter 1 インターネットのこと

実はクラスで分けていたときは，IPアドレスだけでネットワーク部とホスト部を分けることができました。クラスごとに固定のネットマスクが決まっていたからです。このサブネットマスクをナチュラルマスクと言います。

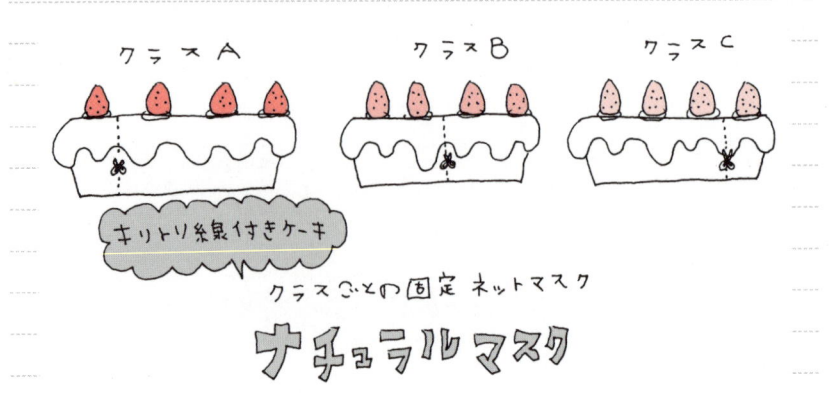

クラスA　　クラスB　　クラスC

シリトリ糸息付きケーキ

クラスごとの固定ネットマスク

ナチュラルマスク

しかし，今はクラスレスアドレッシングなので，サブネットマスクを指定しないと分けることができません。サブネットマスクはIPアドレスと同じく，32bitで表記します。

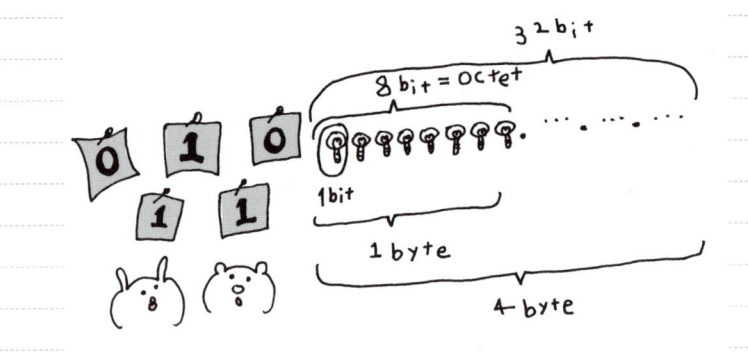

32bit
8bit = octet
1bit
1byte
4byte

サブネットマスクは，ネットワーク部を全部1，ホスト部を全部0で書いたものです。

1-8 IP アドレスのグルーピング

サブネットマスク (Subnet mask)

マスクとは……
0と1だけをつかう言葉で特定のbitをONにしたりOFFにするために用いるビットパターンをマスクという。
（0と1の並び）

たとえば，小悪魔のある IP サブネットマスクが，11111111 11111111 11111111 11111100（10進数だと 255.255.255.252 です）であったとします。

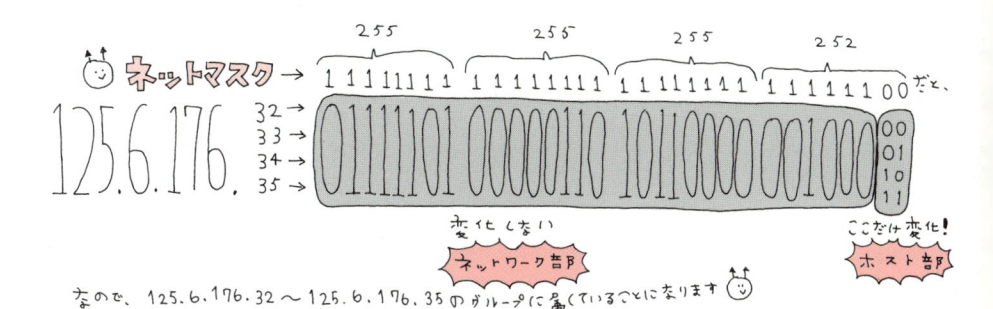

ネットマスク → 255 255 255 252
11111111 11111111 11111111 11111100 だと、

125.6.176. 32 → 01111101 00000110 10110000 00100000
          33 →   01
          34 →   10
          35 →   11

変化しない　　　　　　　　　　　　　　　　ここだけ変化！
ネットワーク部　　　　　　　　　　　　　　　ホスト部

なので、125.6.176.32 〜 125.6.176.35 のグループに属していることになります

ちなみにグループ分けした際に，グループの最初のアドレスをネットワークアドレスと呼び，そのグループを代表するアドレスになります。

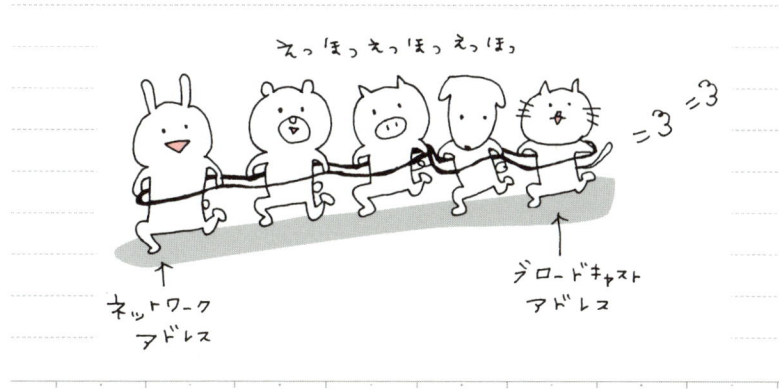

↑ネットワークアドレス　　　↑ブロードキャストアドレス

1　インターネットのこと

Chapter 1
インターネットのこと

逆に，最後のアドレスをブロードキャストアドレスと言い，そのグループ全員と通信する際に利用されます。残りは，ホストアドレス，インターネットに接続する機器に割り当てるアドレスです。

ブロードキャスト...って何だろう？

ここでブロードキャスト簡単講座です！！

ブロードキャストとは，ネットワーク上にある複数のコンピュータに，同時に同じデータを送信することを言います。

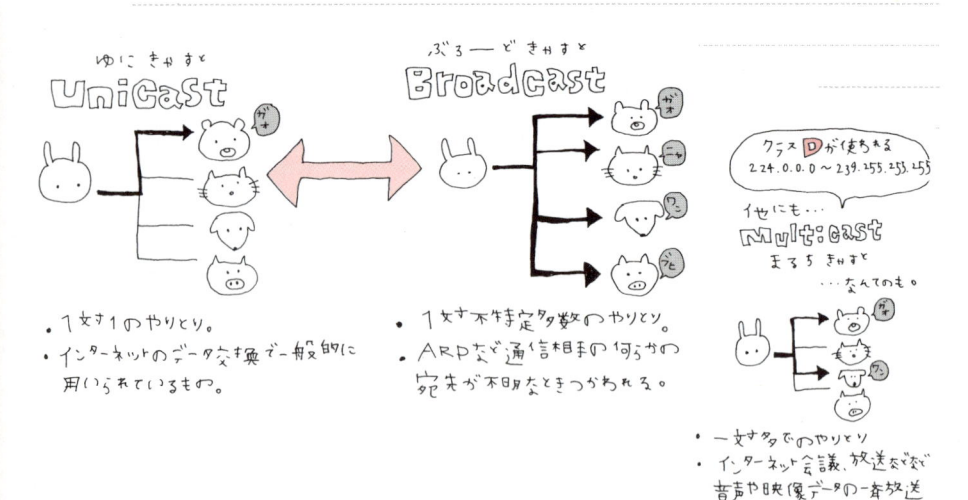

ゆにきゃすと Unicast
- 1対1のやりとり。
- インターネットのデータ交換で一般的に用いられているもの。

ぶろーどきゃすと Broadcast
- 1対不特定多数のやりとり。
- ARPなど通信相手の何らかの宛先が不明なときつかわれる。

クラス D が使われる
224.0.0.0 ～ 239.255.255.255

他にも…
Multicast まるちきゃすと
…なんてのも。

- 1対多でのやりとり
- インターネット会議，放送など 音声や映像データの一斉放送

1-8 IPアドレスのグルーピング

その反対に，一対一で通信をすることをユニキャストと言います。これは普段のインターネットでのデータ交換です。一般的に用いられています。

ユニキャストが糸電話ならば，ブロードキャストは拡声器です。

話をサブネットマスクに戻しましょう。

こあくまのグループ表記の仕方は，「125.6.176.32 netmask 255.255.255.252」となりますが，これって長いですよね。

なので，netmaskを2進数で書いた際に，ネットワーク部を表していた1の数を使って，「125.6.176.32/30」のように表記するのが主流になっています。

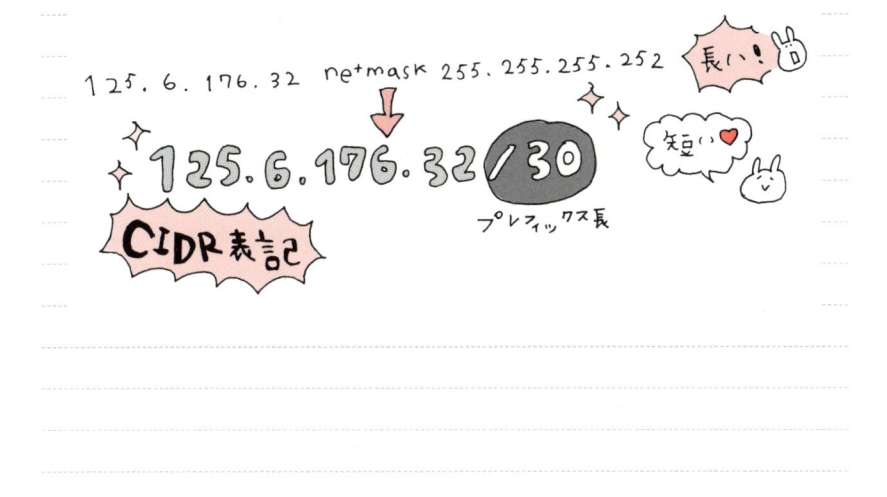

Chapter 1

インターネットのこと

　これを CIDR 表記と言います。ちなみに CIDR はネットワークの結合も柔軟に行うことができます。

　これは，どのようなときにメリットがあるのか，くまさんの手紙が届けれられる様子にたとえてみましょう。

　くまさんがトラさんにお手紙を出すとき，くま村の郵便局にまず手紙を渡します。

1-8 IPアドレスのグルーピング

渡されたくま郵便局では，トラさんのことを知らないので，別の村の郵便局に手紙を送ります。

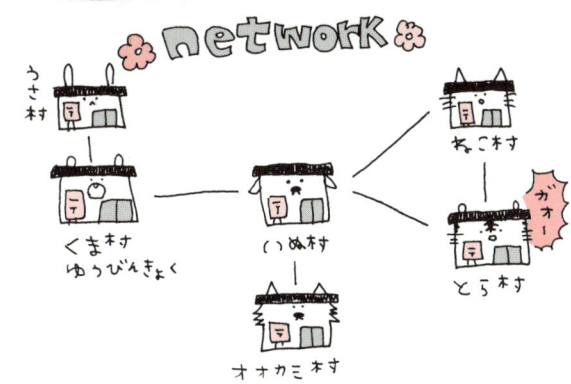

どうぶつさんたちのネットワークはこんな感じでつながっています。

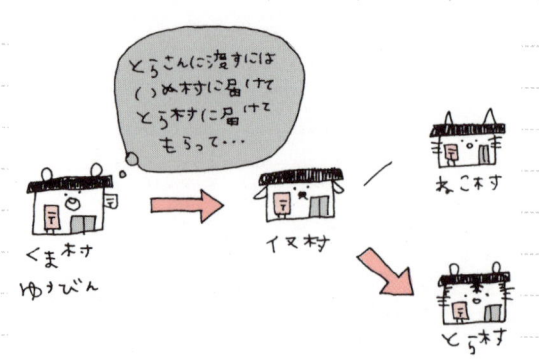

Chapter 1 インターネットのこと

グループ同士をくっつけることができないと，くまさん郵便局では，とら郵便局にどんなルートで渡したらいいのか，イチイチ覚えていなければなりません。

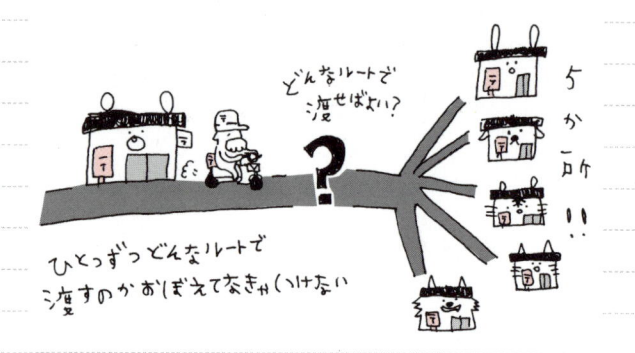

だから，いぬさん宛てなら，いぬ郵便局へのルート，ねこさん宛てならばねこ郵便局へのルート……というように，すべての郵便局がどこにあるのか知っていなければなりません。

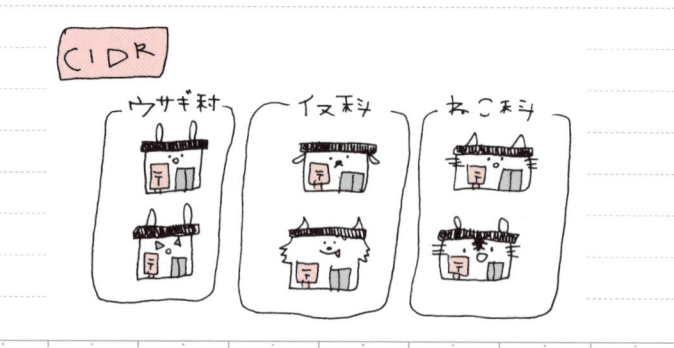

1-8 IPアドレスのグルーピング

しかし，CIDRを使うと，いぬさんとおおかみさんはイヌ科，ねこさんととらさんはネコ科……というようにグループ化できます。

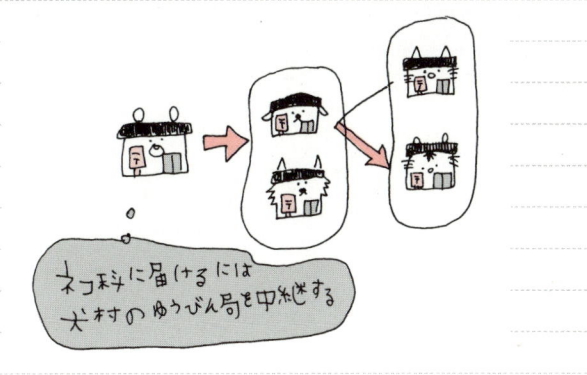

> ネコ科に届けるには犬村のゆうびん局を中継する

だから，くまさんはネコ科のグループにはいぬさんを通して……というふうに覚えることができるので，ねこさん，とらさんの両方をいっぺんに覚えられるのです。

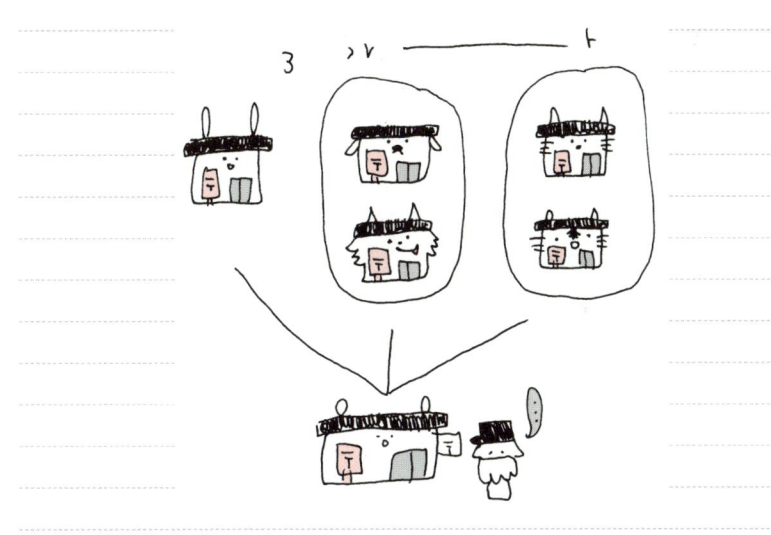

グループ分けができないと，くまさんは5個も覚えなければいけないなぁと言っていますが，グループ結合ができるCIDRならば覚える数は3つです。もちろん実際のネットワークはそんなに小さくないので，ルーターが覚える数はもっと多くなります（2010年現在では33万とか！）が，CIDRがなかった場合はもっともっと多くなってしまうはずです。

Chapter 1 インターネットのこと

1-9 ARPのしくみ

あー ARP ぷ！
Address Resolution Protocol
アドレス解決プロトコル
IPアドレスからMACアドレスを求める。

ARPとは，IPアドレスからMACアドレスを調べるためのプロトコルです。

「1-7　IPアドレスとMACアドレスの関係」でも書いたように，IPアドレスは送りたい人の最終目的地を指定しているだけなので，実際のデータ転送にはMACアドレスが使われています。
そのため，IPアドレスだけわかっていても，MACアドレスがわからなければ通信はできません。
IPアドレスとMACアドレスの対応はARPテーブルに書かれます。1-7節の郵便局の2階で，やぎさんはこのARPテーブルを見てシールを貼っていたのです。

1-9 ARP のしくみ

ARP テーブルは保存（キャッシュ）され，通信するたびに更新します。

ねこさんの MAC アドレスがわからないようなので調べましょう。

では，どのように調べるのかというと，MAC アドレスのブロードキャストアドレスを使って ARP 要求を行います。

MAC アドレスの ブロードキャストアドレス

48 bit の全ての bit が 1 の

FF : FF : FF : FF : FF : FF

MAC アドレスにも IP アドレスと同じようにブロードキャストアドレスが存在します。

MAC アドレスもまた，すべてのビットが 1 なので，16 進数に直すと FF:FF:FF:FF:FF:FF となります。

このブロードキャストアドレスを使うと，同時に同じグループの中のコンピュータすべてと通信ができます。

では，ARP の様子をうさパケットさんたちのお使いの様子で見てみましょう。

うさパケはじめての おつかい!!

ARP ではコンピュータが ARP 要求パケットというものを，MAC アドレスを知りたい人のコンピュータに送ります。

1 インターネットのこと

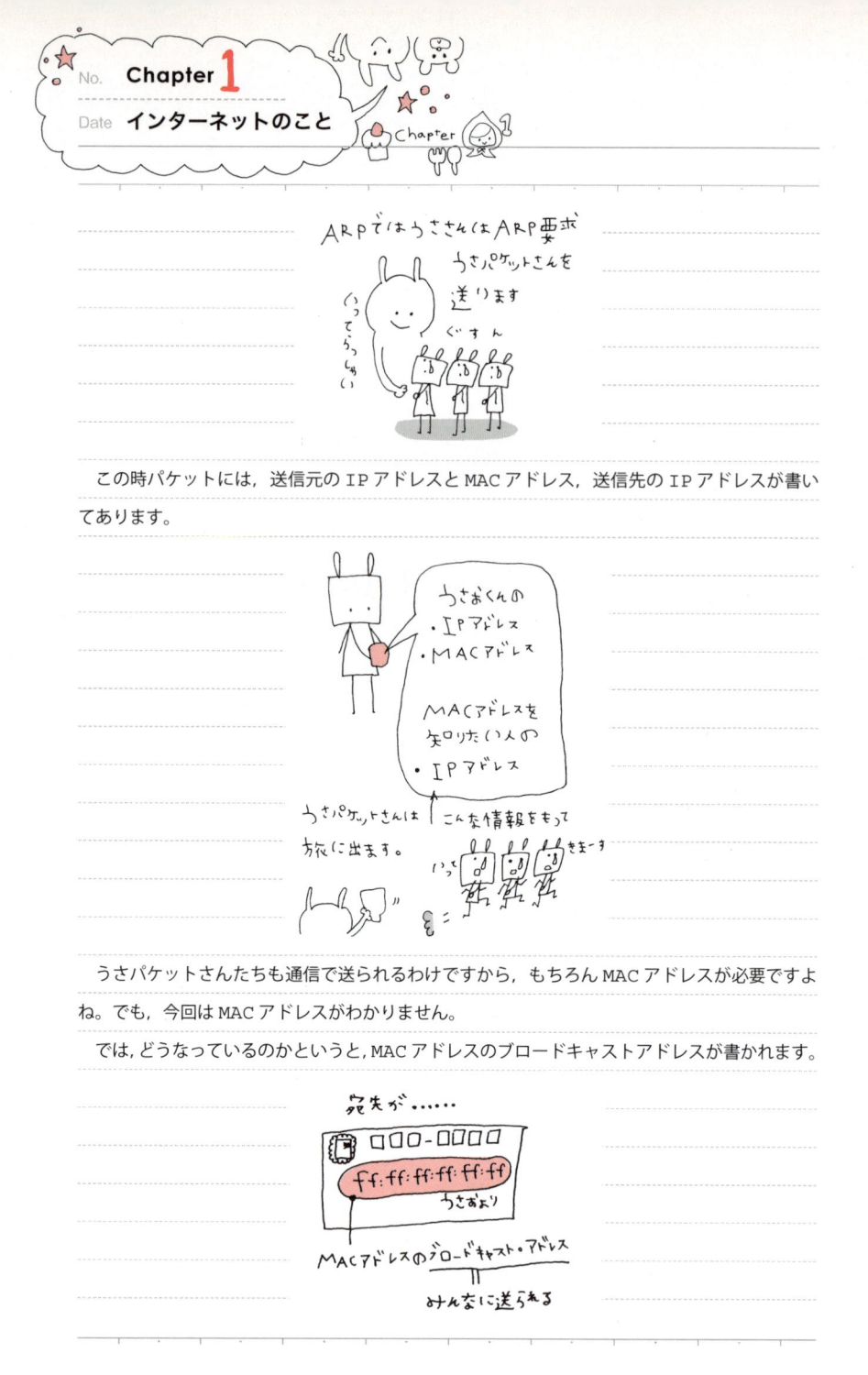

Chapter 1 インターネットのこと

　この時パケットには，送信元のIPアドレスとMACアドレス，送信先のIPアドレスが書いてあります。

　うさパケットさんたちも通信で送られるわけですから，もちろんMACアドレスが必要ですよね。でも，今回はMACアドレスがわかりません。
　では，どうなっているのかというと，MACアドレスのブロードキャストアドレスが書かれます。

1-9 ARPのしくみ

ブロードキャストアドレスはみんなと通信をする（ブロードキャストする）ためのアドレスなので，同じグループにいるみんなに送られます。

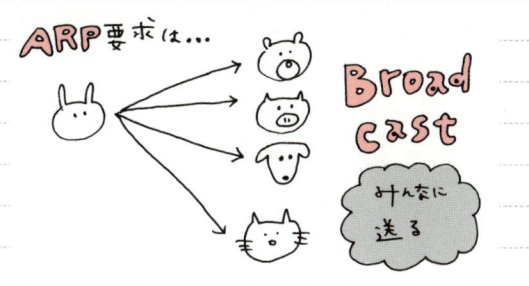

するとパケットに書かれたIPアドレスが自分のことなのかを確認します。

ねこさん宛てのようですね。くまさんは「僕はねこさんじゃないよ」と言ってうさパケットさんを破棄します。

パケットが自分宛てであったら，自分のMACアドレスを書き込んだARP応答パケットを送ります。

Chapter 1 インターネットのこと

パケットが自分宛てだったので
ネコさんは自分のMACアドレスを書き込んだ
ARP応答うさパケットさんを送ります。

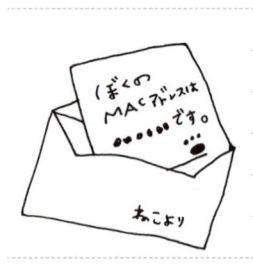

この時, うさパケットさんの持ち物の中にうささんのMACアドレスが書かれていましたよね。
だから, お互いのMACアドレスがこれでわかるので, ねこさんはうささんだけにデータを送ります。

ARP応答は…
Unicast
1人だけに送る

つまりユニキャストです。
こうしてうささんはねこさんのMACアドレスを知ることができました！

しょうがないぜェ ベイベ〜♪
ただいまぁ〜!!
おかえり〜
こうしてうささんはねこさんのMACアドレスを知れます。
おしまい

1-9 ARPのしくみ

おしまい……じゃないのです！

さっき出てきたIPアドレスとMACアドレスの対応表，ARPテーブルにねこさんのMACアドレスを書いて終了です！　キャッシュされるってことですね。

ちなみに……このARPテーブル，定期的にキャッシュがクリアされて書き直しが行われます。

なぜ書き直しをするのでしょう？

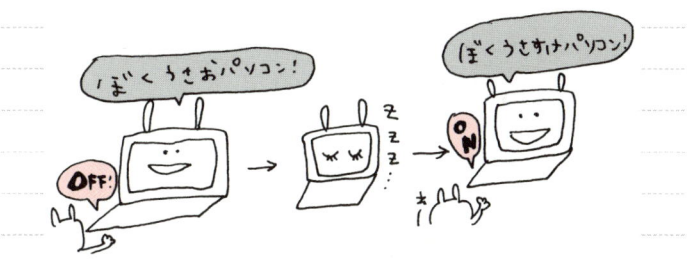

それはMACアドレスが変わる可能性があるものだからです。同じIPアドレスに対してパソコンの置き換え（故障や買い換え）など行うことがよくあります。その際にMACアドレスが（機器に固有だから）変わってしまうと，覚えていたARPテーブルと実際のものが違ってしまい通信ができなくなってしまいます。そうならないために，定期的にARPテーブルの書き換えが行われるのです。

Chapter 1
インターネットのこと

1-10 ルーティングとは何だろう？

　ルーティングはネットワークエンジニアの領域らしいので，今回はサーバエンジニアとしてこれくらいは知っておこう！――ということを勉強してみました。

　1-7節で郵便局の3階では，やぎさんが小包の振り分けを行っていましたが，インターネットはこの振り分け作業をする人をルーターと呼びます。また振り分けをすることをルーティングと呼びます。

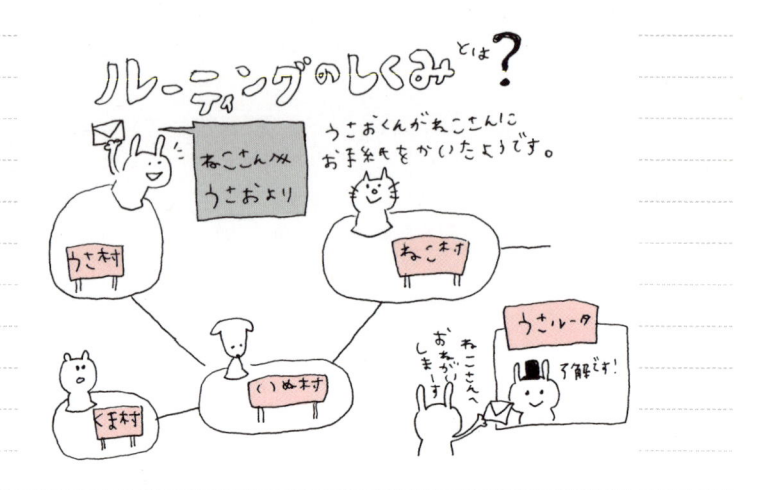

　うささんがねこさんにパケットさんを送りたいので村のルーターにパケットさんを預けていますね。

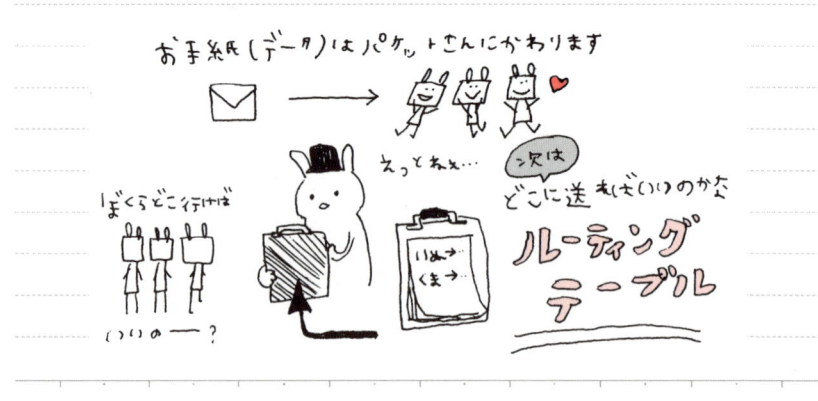

1-10 ルーティングとは何だろう？

うさきんルーターはうさパケットを，ねこさんルーターまでバケツリレーしていくのですが，「次にドコに送ればいいかな？」ってことを書いた表を確認します。それがルーティングテーブルです！ 1-7節で郵便局の3階のやぎさんが確認していたのもこれです。

routing table

( )ぬ → ( )ぬ
くま → ( )ぬ
うさぎ → 直接

( )ぬサブネットは → ( )ぬルータに
くまサブネットへは → ( )ぬルータに
うさぎ同士は → 直接ッ

「他にも色々かいてあるけど今回はカットです。」

あらら？　うさルーターのルーティングテーブルにねこさんルーターへの経路が書いていないようですね。

そんな時うさルーターはどうするかというと……，

なんとうさパケットさんを破棄してしまうのです！

ルーティングを行うためにはインターネット上のすべてのルーターがルーティングテーブルを作成する必要があるのです。

インターネットのこと

Chapter 1
インターネットのこと

3分クッキング？ ルーティングテーブルのつくりかた

パケットを捨てられないようにするために，うさぎさんルーターにねこさんルーターへの経路を登録してあげる必要があります。

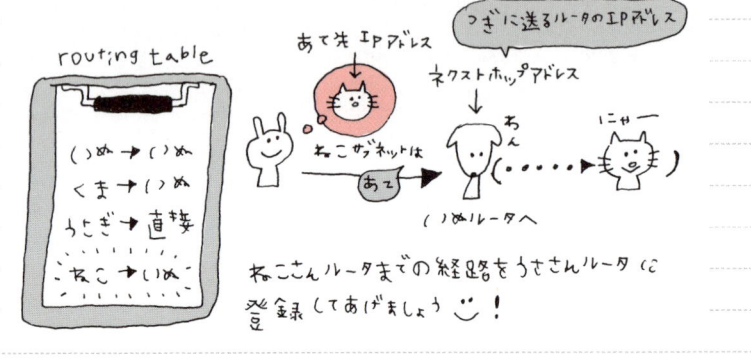

この場合，ねこさんルーターに渡すにはいぬさんルーターに中継してもらえばいいよって書くわけですね。

その書き方の1つがスタティックルーティングです。

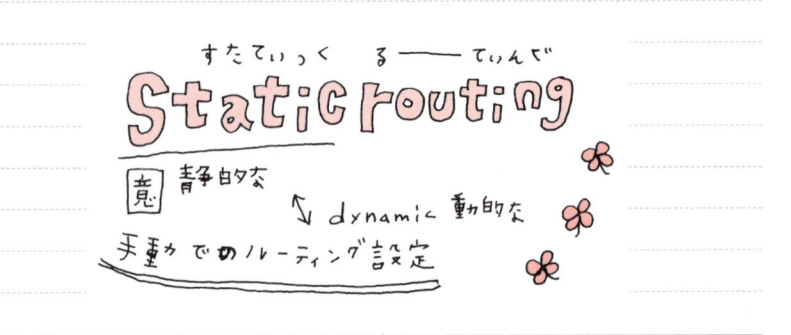

Static routing

意: 静的な ↔ dynamic 動的な

手動でのルーティング設定

1-10 ルーティングとは何だろう？

スタティックルーティングはネットワーク管理者が行う手動でのルーティング設定です。

> うさ村長 いちばうさネットワークの管理人さん
> ねこさんルータを登録しなさい
> ルーター
>
> ネットワーク管理者によって手動で行われます。

同時に送信先（ネコさん）のルーターも送信元（うささん）への経路をルーティングテーブルに設定します。

> 同じようにねこルータにもうさルータへの経路を登録します。
> ネコパケットさん　え？
> なぜなら ねこルーティングテーブルにも登録がないとパケットさん捨てられちゃうからです。
> 知らない　プイン　ニャー ニャー ニャー　そんニャー　ゴミ

ねこさんルーターのルーティングテーブルに設定がないと，パケットが戻れずに破棄されてしまうからです。

インターネットの特徴は経路をたくさん持っていることですから，1 つのネットワークへ向かうためにたくさんの経路が存在します。

たとえばこんな感じになっているとすると……．

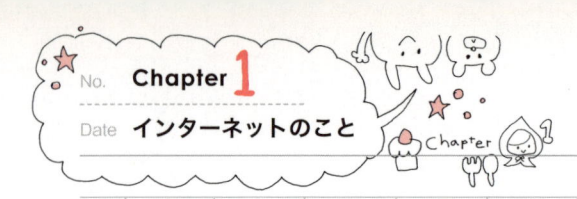

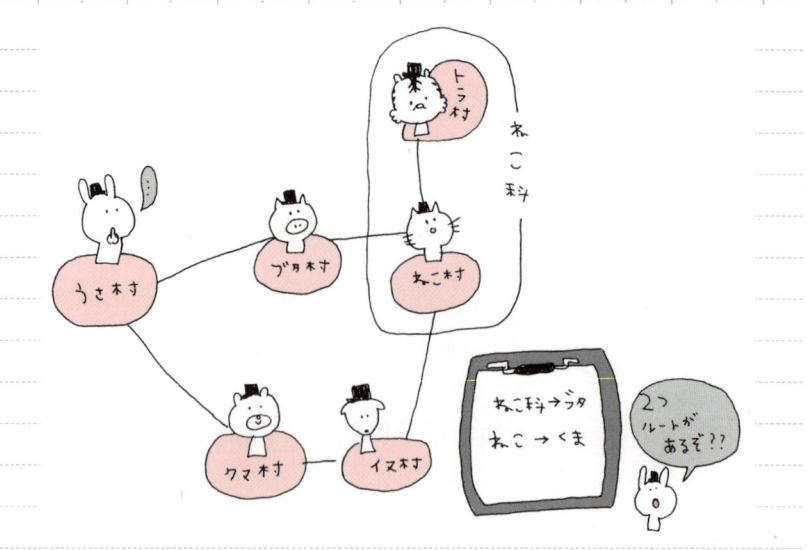

Chapter 1
インターネットのこと

ねこさんへの経路がブタさんとクマさん、2つ存在します。この時、どちらが選ばれるかというと、くまさんです。

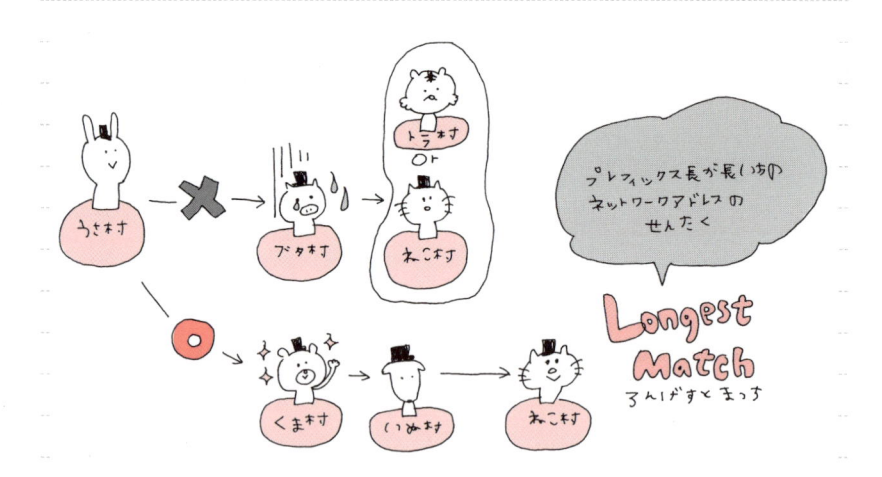

これをロンゲストマッチと言います。どうやって選ばれたのかというと、プレフィックス長の長いネットワークアドレスが選ばれているのです。

プレフィックス長って何か覚えていますか?

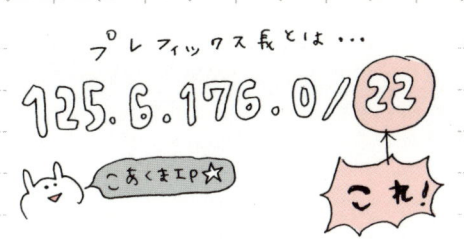

1-10 ルーティングとは何だろう？

プレフィックス長とは…
125.6.176.0/**22** ← これ！
こあくまIP☆

では、小悪魔IPでロングエストマッチを見てみましょう！

たとえば「うささんから小悪魔に送信！」となった時、次に送るところ（ネクストホップ）として選ばれるのはBです。

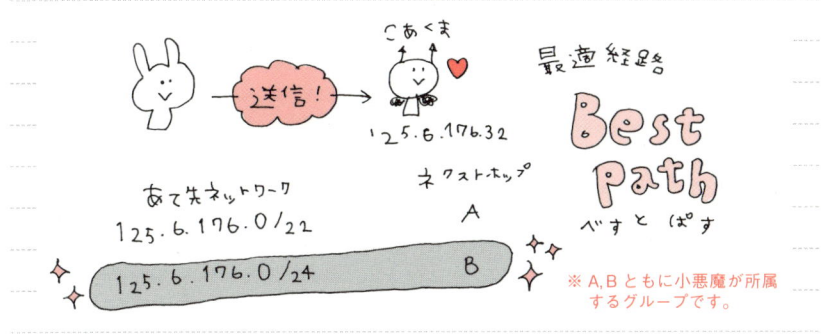

最適経路 Best Path べすとぱす

あて先ネットワーク　ネクストホップ
125.6.176.0/22 　　　A
125.6.176.0/24 　　　B

こあくま 125.6.176.32

※ A,Bともに小悪魔が所属するグループです。

22より24のプレフィックス長の方が長いからです。このようにしてルーターが選んだ最適な経路をベストパスと言います。

スタティックルーティングは、管理人がルーティングテーブルを変更しない限り、ルーティングテーブルを改ざん、偽造される可能性が自動で行われるダイナミックルーティングより少ないというセキュリティ面でのメリットがあります。

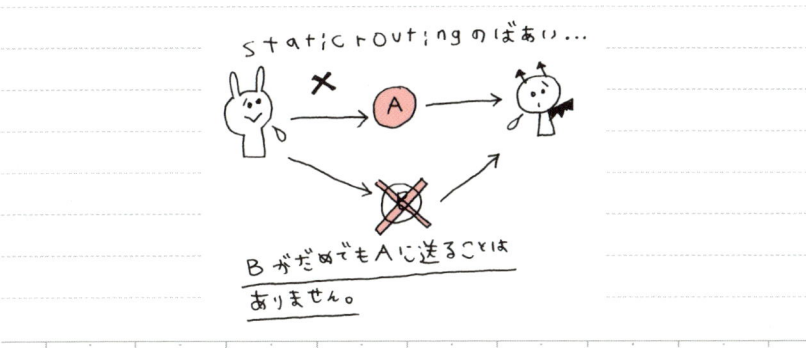

static routing のばあい…

BがだめでもAに送ることはありません。

1 インターネットのこと

Chapter 1 インターネットのこと

しかし，スタティックルーティングでは手動で小悪魔に送るために「次に渡すのはB！」と決めてしまっているので障害が起きても自動でAに送るよう変わってくれたりしないのです。

ならば自動でのルーティング設定ができたら！ それがダイナミックルーティングです！

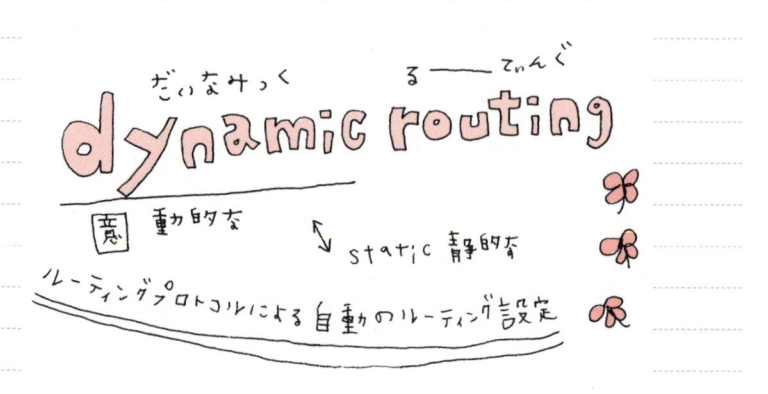

dynamic routing
だいなみっく るーてぃんぐ

意 動的な ← static 静的な

ルーティングプロトコルによる自動のルーティング設定

ダイナミックルーティングではルーター同士で知っている経路情報をやりとりしてルーティングテーブルを作成します。

うさルータ　ねこルータ

ルータ同士で知ってる経路情報のやりとりをする。

この時使われるプロトコルがルーティングプロトコルです。

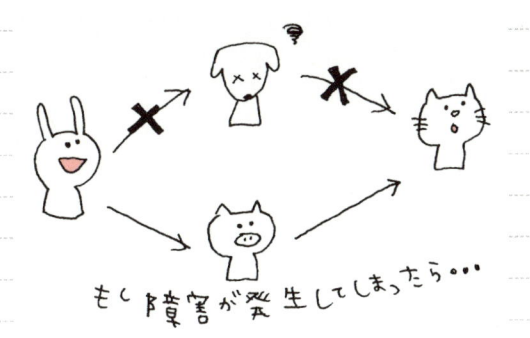

ダイナミックルーティングのメリットは，障害が発生した時，経路変更を自動で行ってくれることです。ダイナミックルーティングはルーティングプロトコルによって自動で経路情報を更新します。

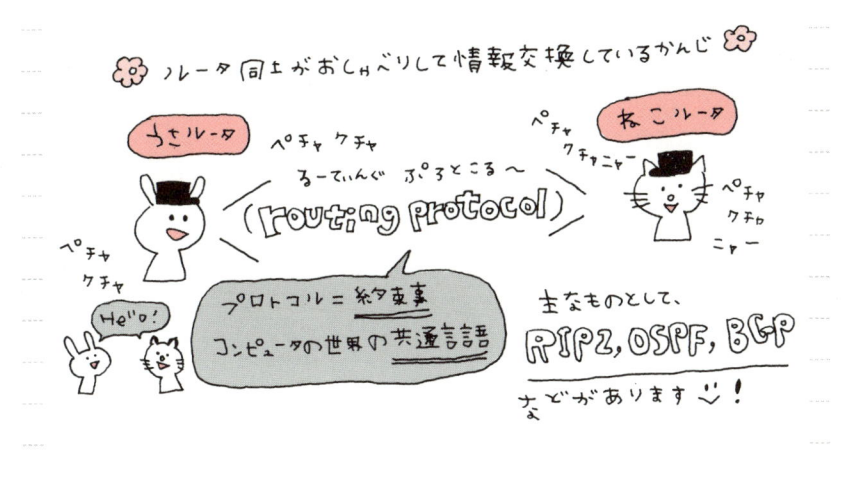

No.	**Chapter 1**
Date	**インターネットのこと**

ダイナミックルーティングではRIP2とOSPF，BGPなどといったルーティングプロトコルが使われます。

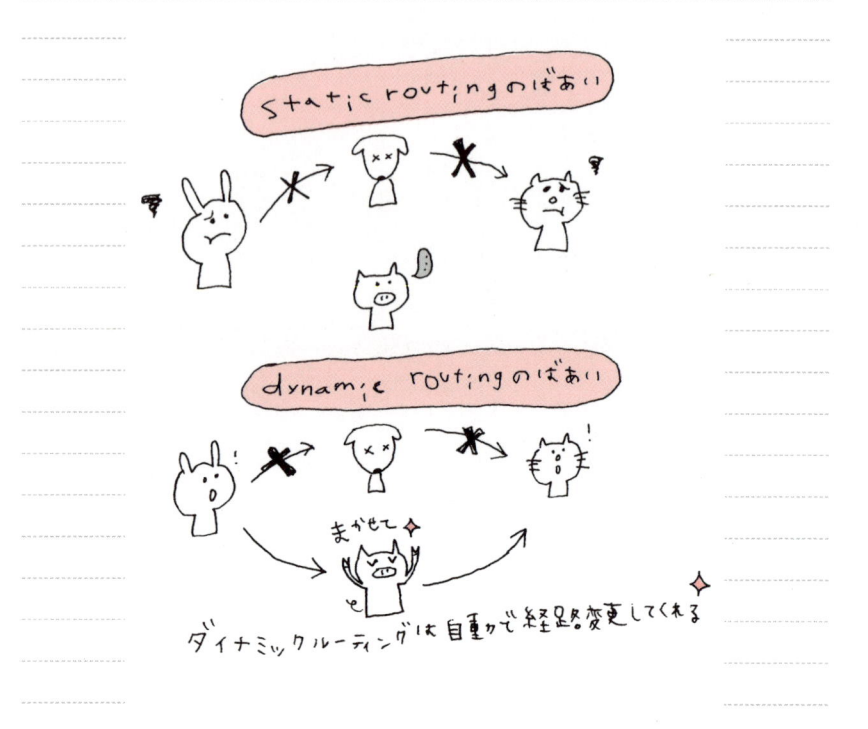

Static routingのばあい

dynamic routingのばあい

まかせて✦

ダイナミックルーティングは自動で経路変更してくれる

　スタティックルーティングでは「ねこさんルーターへの経路はいぬさんルーターを通る！」と決めてしまうので，いぬさんルーターが使えなくなってしまうとネコさんルーターに手紙を送ることはできません。
　セキュリティではスタティックルーティング，便利さで言えばダイナミックルーティング，というわけです。
　もう一つ，デフォルトルートというものが存在します。

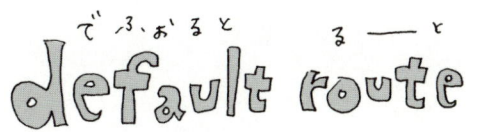

1-10 ルーティングとは何だろう？

default route
ルーティングテーブルにないすべての経路を指し示す特殊な経路

Last Resort
残された最後の経路ともいいます

デフォルトルートは，スタティックルートの一種で，ルーティングテーブルにないすべての経路を指し示す特殊な経路です。

サーバエンジニアがよく見るのはこの「デフォルトルート！」です。

パソコンにもルーティングテーブルがあります。

実はパソコンやサーバにもにもルーティングテーブルが存在していて，次にどこにパケットを送ったらよいのかルーティングテーブルを見て決めています。

Chapter 1
インターネットのこと

もしパソコンやサーバが，デフォルトルートを使っていなかったとすると，くまさん，いぬさん，トラさん，と通信をするために4つのルートを覚える必要があります。

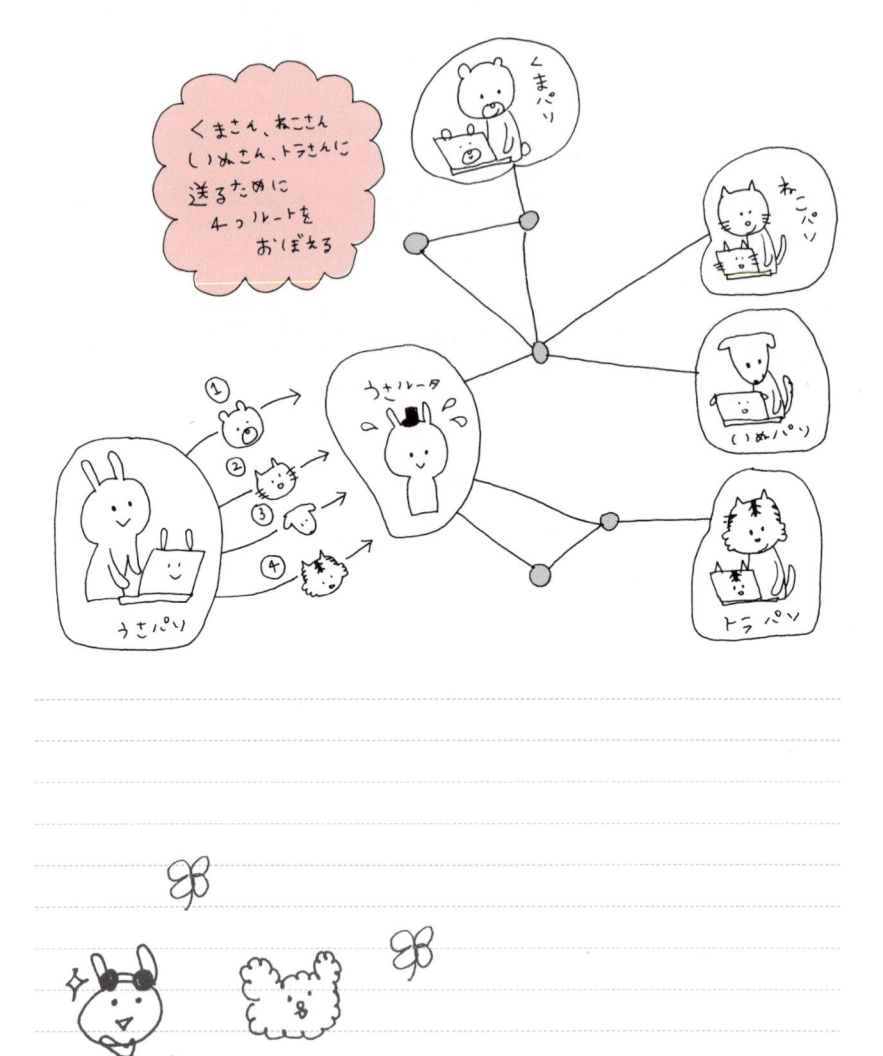

1-10 ルーティングとは何だろう？

しかし，デフォルトルートを使えば1つのルートを覚えれば済みます。

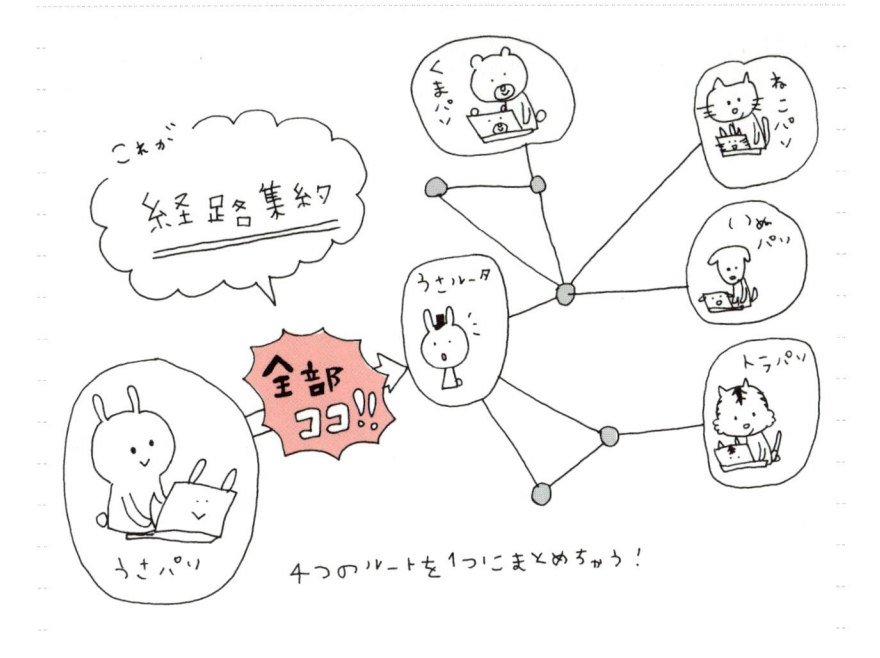

これが **経路集約**

全部ココ!!!

4つのルートを1つにまとめちゃう！

デフォルトルートのメリットは経路集約です。
インターネットのすべての機器のルーティングテーブルにすべての経路をのせる必要はないし，ルーティングに時間をかけないためにもデフォルトルートが使われて，ルーティングテーブルを小さくしています。

Chapter 1 インターネットのこと

まとめ!!!!

1. ルータのやくわりはルーティング。パケット中継（バケツリレー！）のこと。
2. ルーティングはルーティングテーブルに書かれた経路情報に従って行われる。
3. スタティックルーティングとは手動でネットワーク管理者が行うルーティングテーブルの設定のこと。
4. スタティックルーティングの場合、障害がおきても自動で経路更新が行われないため通信不能になる。
5. ルーティングプロトコルによって自動で行われるルーティングテーブルの設定をダイナミックルーティングと呼ぶ。
6. ダイナミックルーティングは障害がおきると自動で経路更新を行う。
7. デフォルトルートとはルーティングテーブルにないすべての経路を指示す特殊な経路。
8. デフォルトルートのメリットは経路集約。サーバエンジニアはデフォルトルートをよく見る。

第2章
DNSって何?

Chapter 2
DNS って何？

2-1 DNS 今昔ものがたり

DNS とは，ドメインネームシステム（Dmain Name System）の略です。
DNS の仕事は「ホスト名をもとに，ホストの IP アドレスを教える」ことです。
なぜ DNS というしくみができたのかを物語にしてみました！

むかしむかしあるところにうさぎ村という村がありました。

うさぎ村はたった 10 人しかいない小さな村だったので，村ウサギたちはお互いの名前を知っていました。

これが **HOSTS ファイル**
各ホストで IP アドレスとホスト名をてらしあわせてくれる仕組み

小さな村ではみんな名前がわかります

2-1 DNS 今昔ものがたり

HOSTS ファイルは DNS ができる前に使われていたテキストファイルです。

しかし、小さなうさぎ村も 10 ウサ, 100 ウサ, 1000 ウサとウサギ数が増え、巨大な国となっていきました。

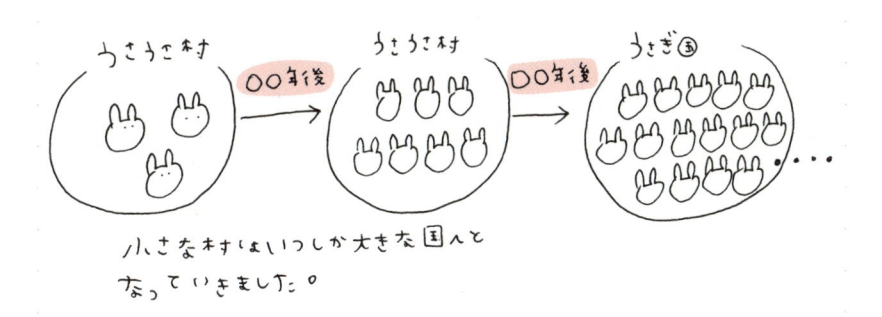

そのため村ウサギたちはお互いを把握できなくなってしまいました。

どんなウサギかを思い出そうにも時間がかかったり、引っ越してきた新ウサギさんを知らなかったりなど……。

また、うさぎ村では同じ名前を名乗ることを禁止していたはずが、人数が増えすぎて名前が重複する事態となってしまい、郵便局やぎさんが違うウサギさんに間違ってメールを送りそうになる事件など問題が発生しはじめてしまったのです。

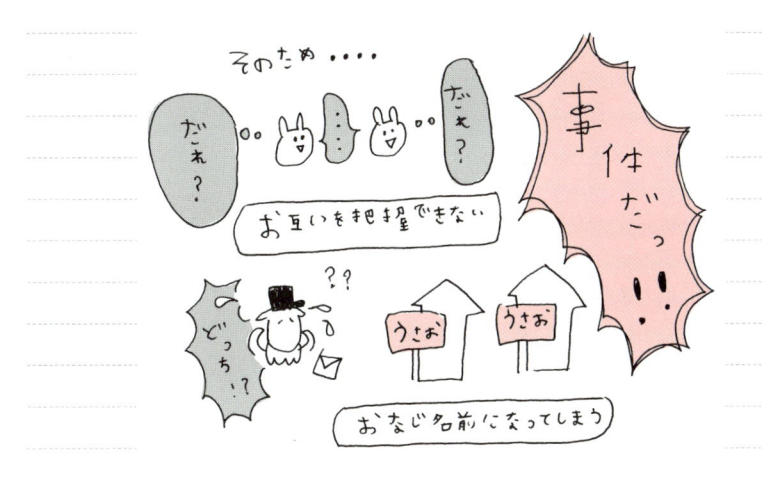

Chapter 2　DNSって何？

　HOSTSファイルでは全てのホスト情報がそれぞれのホストで個々に管理されています。ですからネットワークを使う人が増えたことで，HOSTSファイルの整合性がとれなくなってしまい，ネットワークが正常に機能しなくなってしまったのです。

　また，すでに使用済みのホスト名を簡単に取得できてしまったため，送りたい人ではない人にメールが届いてしまう危険性などの問題が発生してしまいました。

　ここまで村が大きくなると思っていなかったうさ王は国ウサギを把握するためのシステムを考えました。

　それこそがDNSです！

　うさ王は国ウサギの名前を把握するためにDNSサーバという国ウサギ情報管理所を作り，国ウサギたちが知りたいウサギさんのことを問い合わせられるようにしました。

　うさぎ国は巨大な国家だったので一つの管理所に全ての情報を集めるのは大変なので，うさ王はDNSサーバをたくさん作って情報を分散管理させることにしました。

　また，うさぎ国を村ごとに分けることによってうさぎさんたちの名前が重複することを防ぎました。

2-1 DNS 今昔ものがたり

DNSって何?

　国ウサギ情報管理所の中央管理所をルートネームサーバと言い,世界に 13 個存在しています。国ウサギの情報はこのルートネームサーバを先頭にツリー上に情報局を枝分かれさせています。

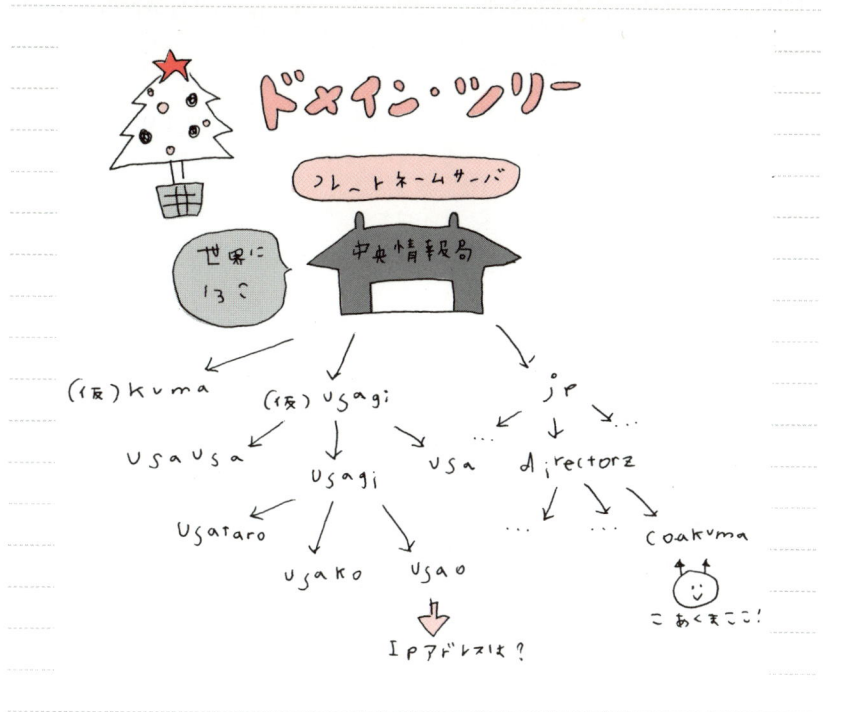

ドメイン・ツリー

ルートネームサーバ
世界に 13 こ
中央情報局

(仮)kuma → usausa
(仮)usagi → usagi → usataro, usako, usao
　　　　　→ usa
jp → directorz → … → coakuma （こあくまここ!）

IPアドレスは?

　たとえば,ウサギ国のうさぎ県うさぎ村のうさおさんが,「ウサギ国のうさぎ県うさうさ村のうさこちゃんに会いたいんだ!」と言った場合……,

　うさおさんはうさぎ村の DNS サーバにうさこちゃんの住所(IP アドレス)を聞きにいきます。

　ところがうさぎ村の DNS サーバではうさこちゃんのことはわからなかったので,うさぎ国の中央情報局,ルートネームサーバに問い合わせをしてみると!

　うさぎ県の DNS サーバを教えてもらったので,今度はうさぎ県の DNS サーバに問い合わせをしたところ,うさうさ村の DNS サーバのことを教えてくれました。

　うさうさ村に問い合わせをするとうさこちゃんの住所である IP アドレスを教えてくれたので,うさおくんはうさこちゃんに会いに行くことができたのでした♪

Chapter 2
DNSって何?

うさこちゃん…　　うさおくん

↓

だれ？　　うさぎ村のDNSサーバ

↓

中央局　ルートネームサーバ
うさぎ県のDNSサーバを教えよう

↓

うさぎ県のDNSサーバ
うさうさ村のDNSサーバを教えよう

↓

うさうさ村のDNSサーバ

↓

うさこちゃんっっっ!!

↓

うさこちゃんのもとへ ♥

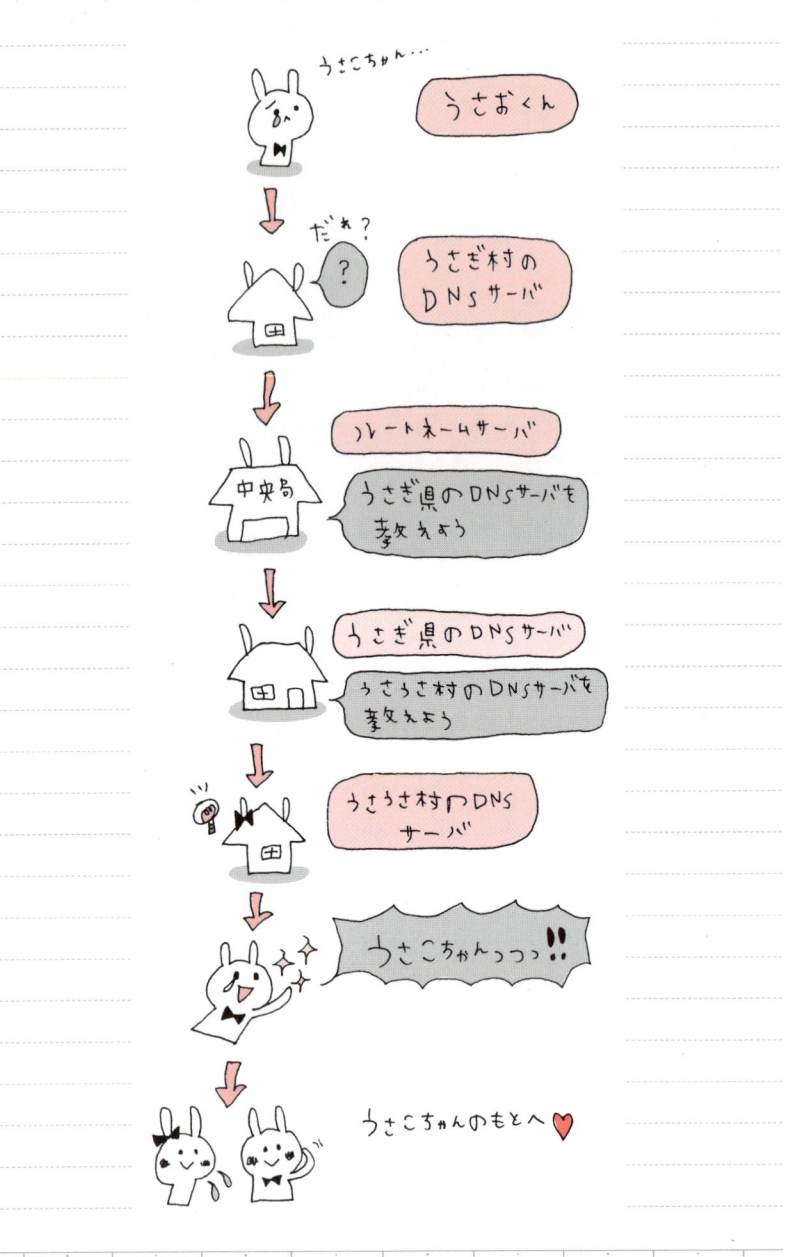

2-2 ドメイン名とホスト名って何だろう？

ドメイン名とはインターネット上の住所であるIPアドレスを人間がわかりやすいように表示したものということでしたが，そのしくみはどうなっているのでしょうか？

ドメインはもともと領土や範囲という意味の単語です。

このブログのドメイン名は「directorz.jp」です。

jpやdirectorzなど，組織や団体などの単位一つ一つをドメインと言い，そのドメインの名前をドメイン名と言います。

ドメイン名はIPアドレスを人間がわかりやすいようにした形式で「.」で区切られた文字列ですが，それぞれの文字列には意味があります。

co-akuma.directorz.jpは，co-akumaというホスト.directorzというドメイン.jpという日本のドメインという意味です。

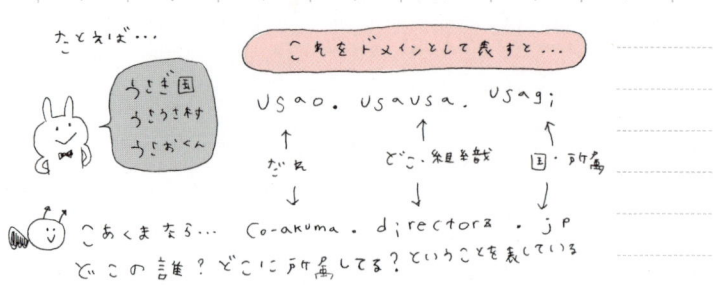

Chapter 2
DNS って何？

たとえば…

うさぎ国
うさうさ村
うさおくん

これをドメインとして表すと…

usao . usausa . usagi
 ↑   ↑   ↑
 だれ   どこ・組織   国・所属

こあくまなら… co-akuma . directorz . jp
どこの誰？どこに所属してる？ということを表している

つまり，うさおくんで言うとうさうさ村，うさぎ県というようにうさおくんの住む場所を表すように，co-akuma.directorz.jp では jp で日本，directorz でディレクターズという会社といったように co-akuma.directorz.jp が所属しているもの表しています。

つまり，ドメイン名とは，ホストがどこに所属しているのか，どこの領土・範囲にいる人なのかを表しているのです。

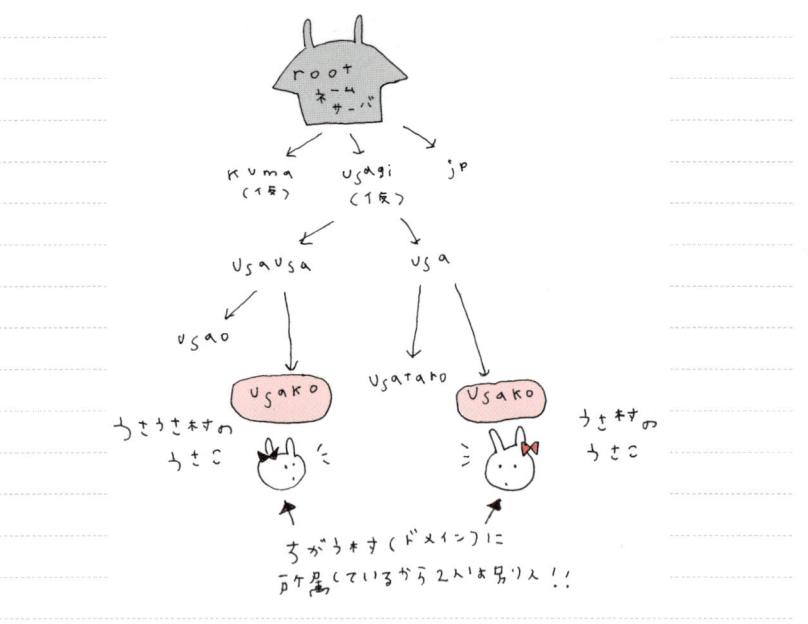

root
ネームサーバ

　↓　　　↓　　　↓
kuma   usagi   jp
(仮)   (仮)

　↓　　　↓
usausa usa

　↓　　　　　↓
usao   usako   usataro   usako
        うさうさ村の   うさぎ村の
        うさこ   うさこ

ちがう村（ドメイン）に所属しているから2人は別人！！

なので，おなじうさこちゃん（このブログで言えば co-akuma）というホスト名でも，所属（ドメイン）が違えば全く別人ということになります。

ドメインには右側から順番にレベルがあります。

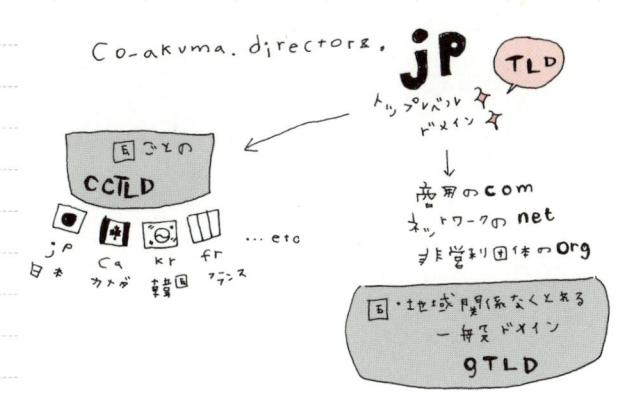

2-2 ドメイン名とホスト名って何だろう？

co-akuma.directorz.**jp** 〔TLD〕

トップレベルドメイン
↓

国ごとの **ccTLD**
jp ca kr fr …etc
日本 カナダ 韓国 フランス

商用の com
ネットワークの net
非営利団体の org

国・地域関係なくとれる一般ドメイン **gTLD**

　ドメイン名の一番右の文字列をトップレベルドメイン（TLD：Top Level Domain）と言います。co-akuma.directorz.jpでいうとjpの部分です。トップレベルドメインには，jpが日本内のドメインというように国名を表すccTLD（country code TLD）とcom（商用）やnet（ネットワークサービス提供組織）といった組織の種別を表すgTLD（generic TLD）があります。

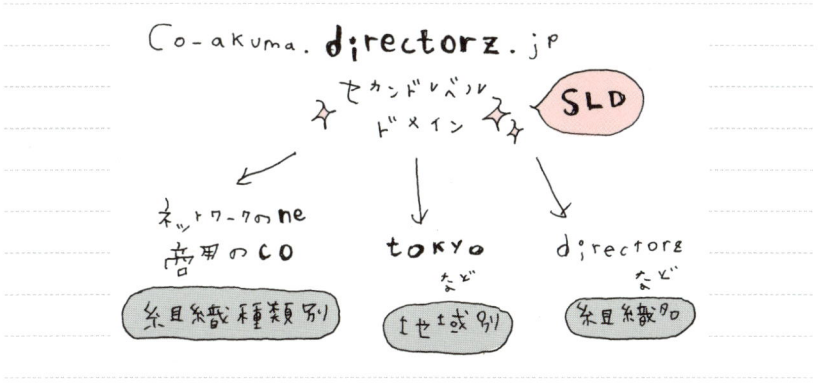

co-akuma.**directorz**.jp 〔SLD〕

セカンドレベルドメイン

↙　　↓　　↘
ネットワークのne　　tokyo　　directorz
商用のco　　　　　　など　　　など
〔組織種類別〕　　〔地域別〕　〔組織名〕

　co-akuma.directorz.jpのdirectorzの部分をセカンドレベルドメイン（SLD）と言います。セカンドレベルドメインには，ne（ネットワーク）やco（商用）といった組織別にわけるものが広く使われていましたが，tokyo.jpのように地域型のドメインや，directorz.jpのように組織別のドメインを使わないものも使えるようになりました。そのあともサードレベルドメイン……のように続きます。ちなみに一番左，co-akuma.directorz.jpではco-akumaの部分をホスト名と言います。

Chapter 2
DNS って何？

ホスト名　`Usao` . usausa . usagi
うさおくん

ホスト名　`co-akuma` . directorz . jp
こあくまブログ

ホスト名 は… 1番左側!!

yahoo! なら
`www` . yahoo.co.jp
ホスト名

　　そして，ホスト名，トップレベルドメイン名，セカンドレベルドメイン名……全てを記したものを FQDN（完全修飾ドメイン名：Fully Qualified Domain Nam）と呼びます。

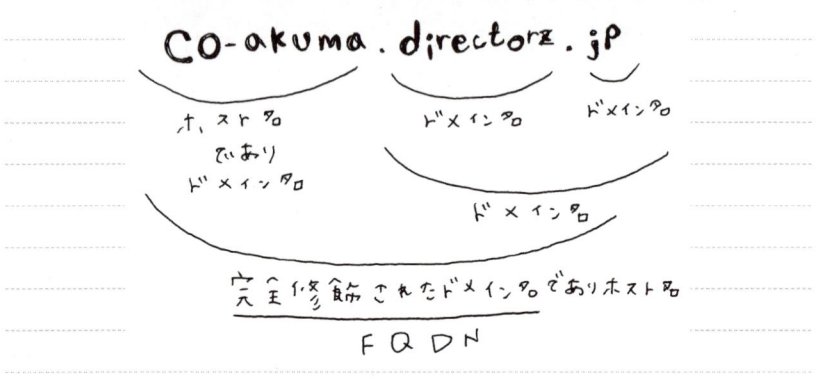

co-akuma . directorz . jp
ホスト名 であり ドメイン名 ／ ドメイン名 ／ ドメイン名
ドメイン名
完全修飾されたドメイン名でありホスト名
FQDN

　　ホスト名というのはネットワーク上のコンピュータの名前で，ドメイン名はホストが所属するところの名前です。

　　ドメイン名（ホスト名）なんて書いてあってどう違うの！？──という質問をよく見ますが，ホスト名はホストに割り当てられるドメイン名なのです。

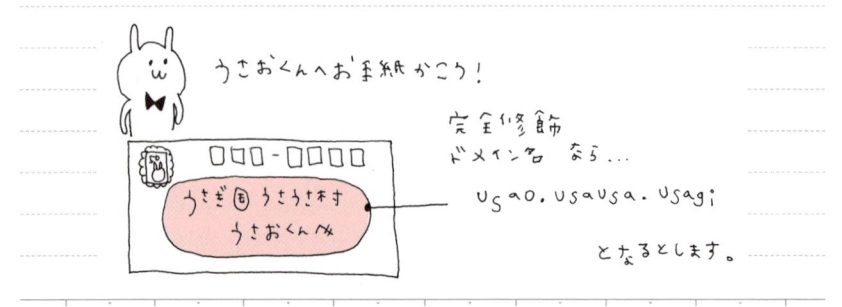

うさおくんへお手紙かこう！

□□□-□□□□
うさぎ国 うさうさ市
うさおくん へ

完全修飾ドメイン名 なら…
Usao . usausa . usagi
となるとします。

2-2 ドメイン名とホスト名って何だろう？

うさぎ国のうさうさ村のうさおくん（usao.usausa.usagi）に置き換えて考えてみましょう。

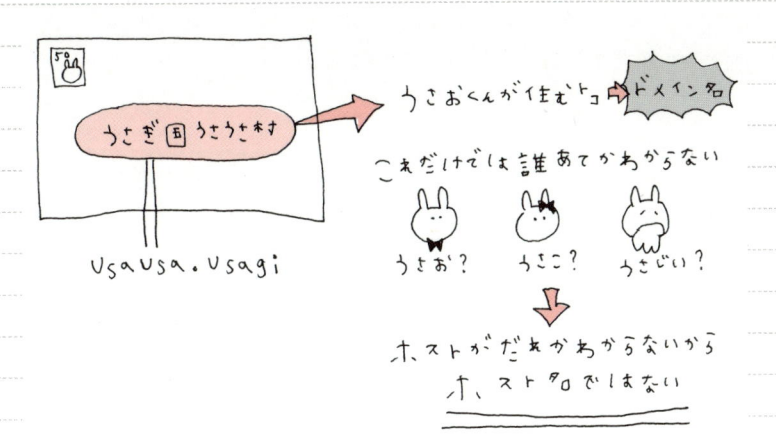

（図：「うさぎ国 うさうさ村」→ うさおくんが住むトコ → **ドメイン名**
usausa.usagi
これだけでは誰あてかわからない
うさお？ うさこ？ うさじい？
→ ホストがだれかわからないから ホスト名ではない）

うさぎ国うさうさ村というのはこのブログで言うと `directorz.jp` の部分ですが，これは，うさおくんが住んでいる（所属している）場所なのでドメイン名です。

`usausa.usagi` だけではうさうさ村の誰なのかわかりませんよね。だからこれはホスト名ではないことがわかります。

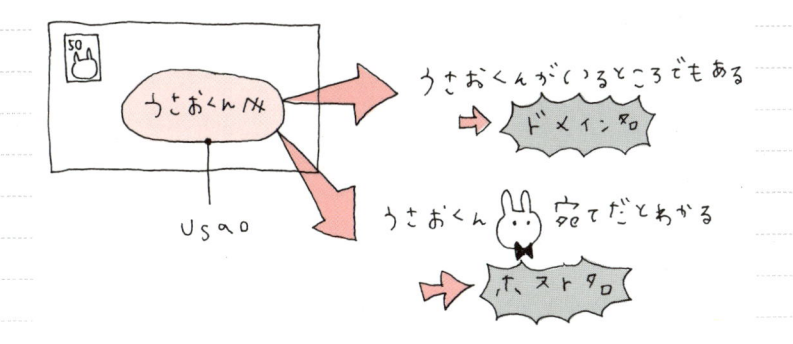

（図：「うさおくん」→ うさおくんがいるところでもある → **ドメイン名**
usao
→ うさおくん宛てだとわかる → **ホスト名**）

うさおくんというのは，うさおくんといううさぎ（ホスト）とわかるのでホスト名です。
また，うさおくんというホストに割り当てられたドメイン名でもあります。

これは，たとえば，うさぎ国うさうさ村のうさぎたちなら，この村にはうさおくんはひとりしか存在しないので，うさおくんがどこにいるかわかりますよね。

だから，うさおくんのいる場所がドメイン名と言えるのです。

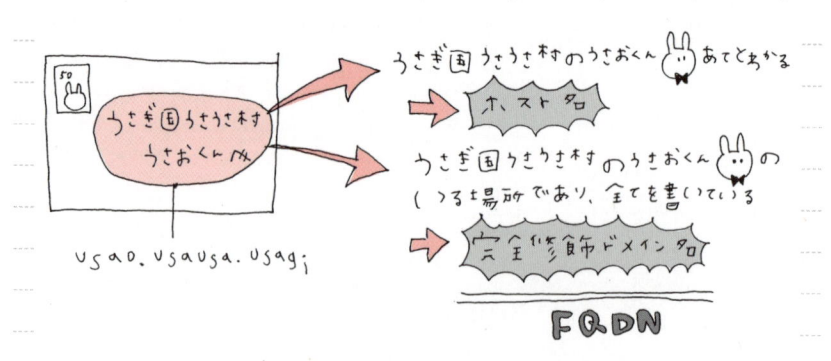

Chapter 2
DNS って何？

[図: 封筒に「うさぎ国うさうさ村うさおくん」と書かれている → usao.usausa.usagi]

- うさぎ国うさうさ村のうさおくん あてとわかる → ホスト名
- うさぎ国うさうさ村のうさおくんの いる場所であり、全てを書いている → 完全修飾ドメイン名 FQDN

うさぎ国うさうさ村うさおくんというのは「co-akuma.directorz.jp」の部分です。

これは、うさおくんのいる場所を表しているのでドメイン名であり、住所（ドメイン名）と名前（ホスト名）全てを書いているので FQDN（完全修飾ドメイン名）です。

また、誰あてであるか、つまり、ホストが誰であるのかもわかるので、ホスト名と言います。

また、IP アドレスに対応するのはドメイン名とよく書かれていますが、この場合のドメイン名は FQDN のことを指しています。

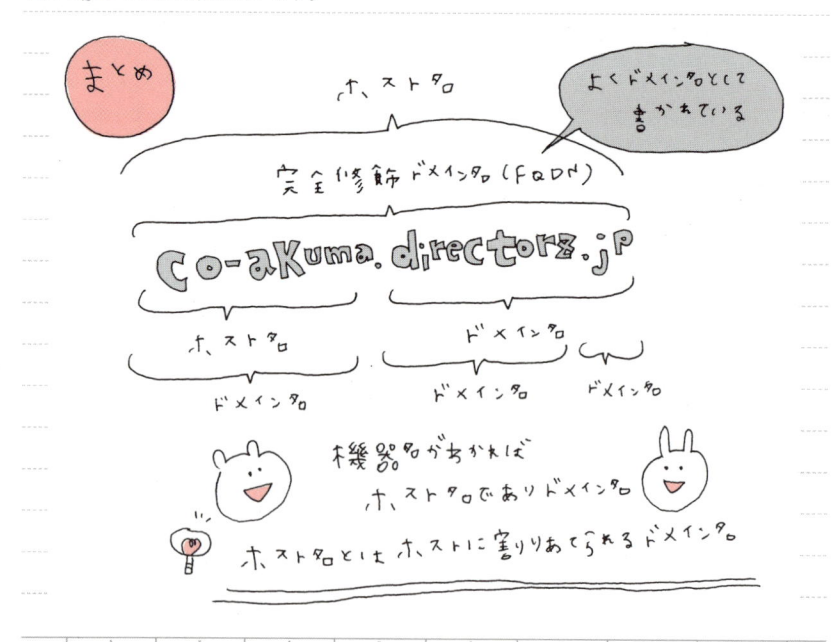

【まとめ】

完全修飾ドメイン名（FQDN）
co-akuma.directorz.jp

- co-akuma → ホスト名／ドメイン名
- directorz → ドメイン名
- jp → ドメイン名
- よくドメイン名として書かれている

機器名がわかれば ホスト名でありドメイン名
ホスト名とは、ホストに割りあてられるドメイン名

2-3 サブドメインとルートドメインって何だろう？

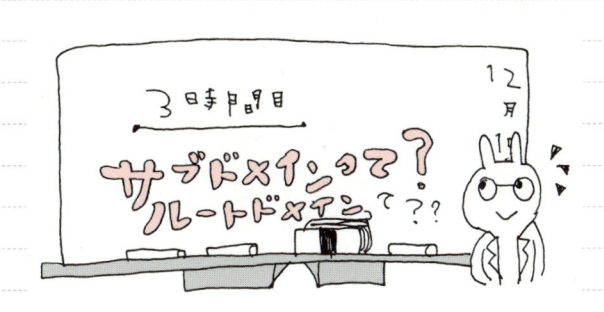

サブドメインとは，ドメインの中のドメインのことを言います。
`co-akuma.directorz.jp`で言うと，`directorz`が`jp`のサブドメインです。ドメイン名は下へと下がっていく階層構造になっていて，国を表すドメイン（例：`jp`），組織を表すドメイン（例：`directorz`）というように下に下に小さい組織になるように作られています。

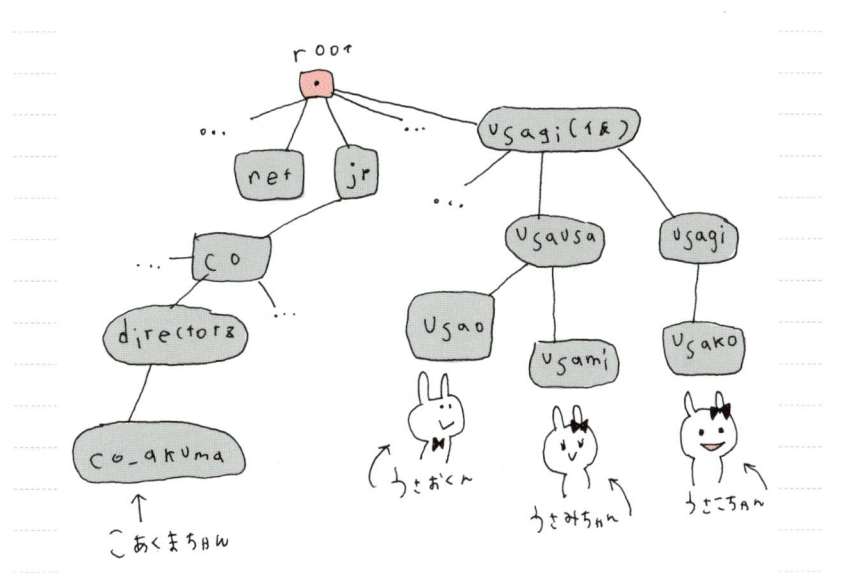

上の組織に対して自分の一個下の組織をサブドメインと呼びます。

Chapter 2
DNS って何?

サブドメインとは?

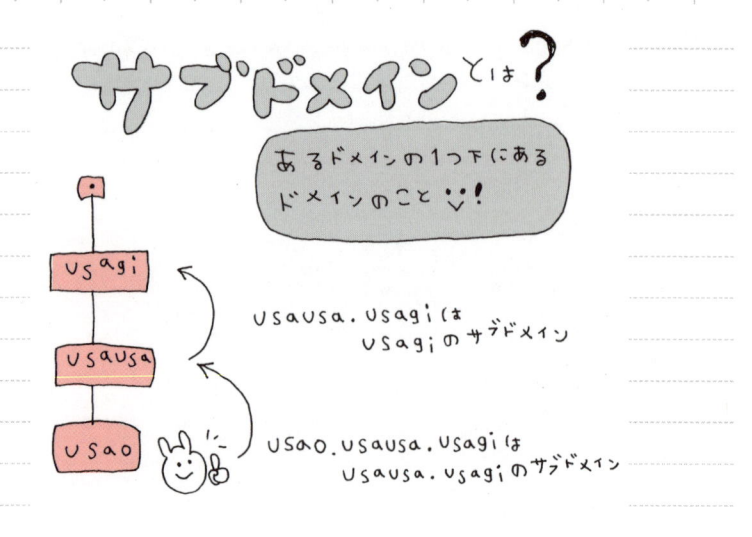

あるドメインの1つ下にあるドメインのこと♡!

usausa.usagi は usagi のサブドメイン

usao.usausa.usagi は usausa.usagi のサブドメイン

インターネットでは各ドメインの管理を分散させて管理の負荷を一カ所に集中しないようにしているのです。

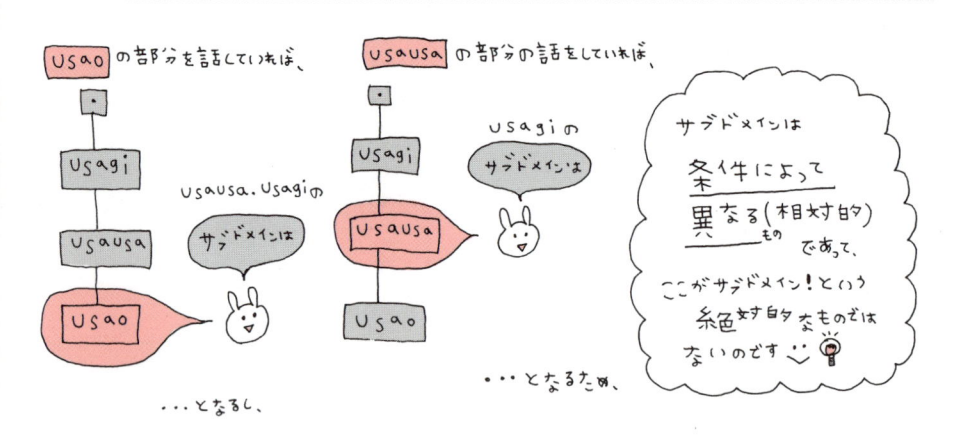

usao の部分を話していれば、usausa.usagi のサブドメインは ...となるし、

usausa の部分の話をしていれば、usagi のサブドメインは ...となるため、

サブドメインは条件によって異なる(相対的)ものであって、ここがサブドメイン!という絶対的なものではないのです♡

サブドメインはどんな時でもここがサブドメイン!——という絶対的なものではなく、今回のこの話ではここがサブドメインというように、条件によって異なる相対的なものです。

なので、会話の中で、ホスト名をサブドメインと使ったりします。

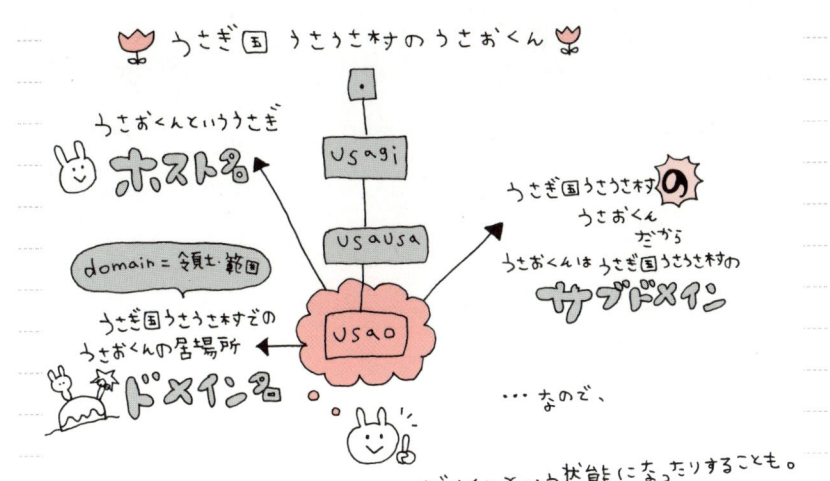

2-3 サブドメインとルートドメインって何だろう？

うさぎ国 うさうさ村のうさおくん

- うさおくんといううさぎ → **ホスト名**
- domain = 領土・範囲
- うさぎ国うさうさ村でのうさおくんの居場所 → **ドメイン名**
- うさぎ国うさうさ村の うさおくん だから うさおくんは うさぎ国うさうさ村の **サブドメイン**

…なので、

ホストタロ ニ ドメインタロ = サブドメイン という状態になったりすることも。

ツリー構造の中で、トップレベルドメインよりさらに上のドメインがあります。それをルートドメインと呼びます。

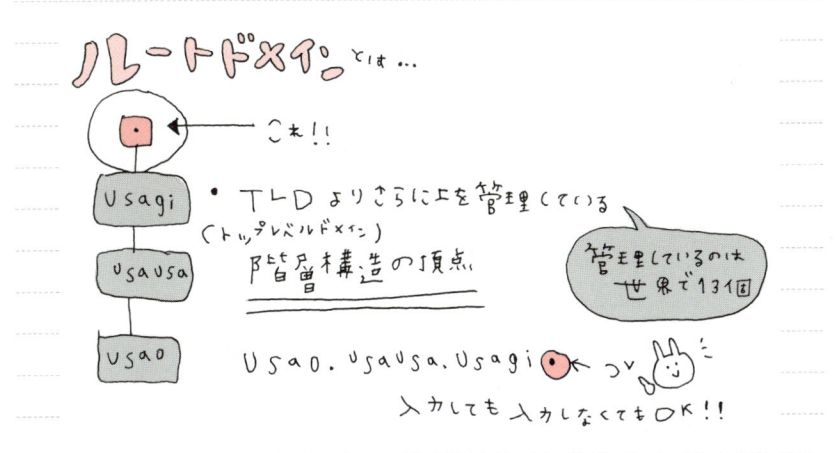

ルートドメイン とは…

- これ！！
- TLD（トップレベルドメイン）よりさらに上を管理している
- 階層構造の頂点
- 管理しているのは世界で13個
- usao.usausa.usagi． ← つい
- 入力しても入力しなくてもOK!!

ルートとは根っこという意味でドメインの階層構造の頂点であり、「．（ドット）」で表されます。ルートドメインを管理するルートサーバ（世界に13個）がトップレベルドメインの情報を管理しています。ルートドメインは入力されることは少ないですが、ルートという根っこはDNSのしくみを支える重要な役割をしています。

Chapter 2
DNSって何？

2-4 DNSのお仕事（その1）

Domain Name System

Domain Name（ドメイン名）はネットワーク上のコンピュータの住所でしたよね。
また、これはコンピュータがわかりやすいように数字で書いたネットワーク上のコンピュータの住所、IPアドレスを、人間にわかりやすいようにしたものでしたよね。

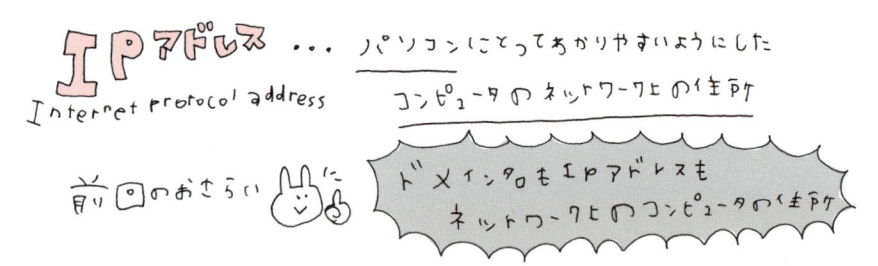

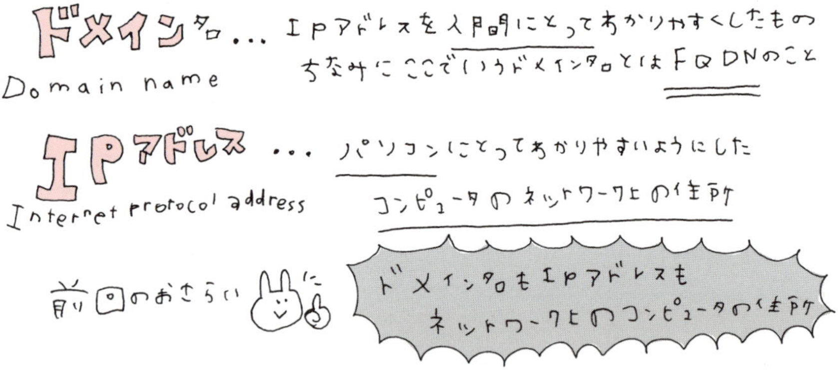

ドメイン名 (Domain name) … IPアドレスを人間にとってわかりやすくしたもの
ちなみにここでいうドメイン名とはFQDNのこと

IPアドレス (Internet protocol address) … パソコンにとってわかりやすいようにしたコンピュータのネットワーク上の住所

前回のおさらい → ドメイン名もIPアドレスもネットワーク上のコンピュータの住所

わたしたちがホームページを見る時、ドメイン名とその他もろもろを書いたURLを使いますよね。しかし、このドメイン名、0と1しか理解しないコンピュータにはわかりにくいのです。

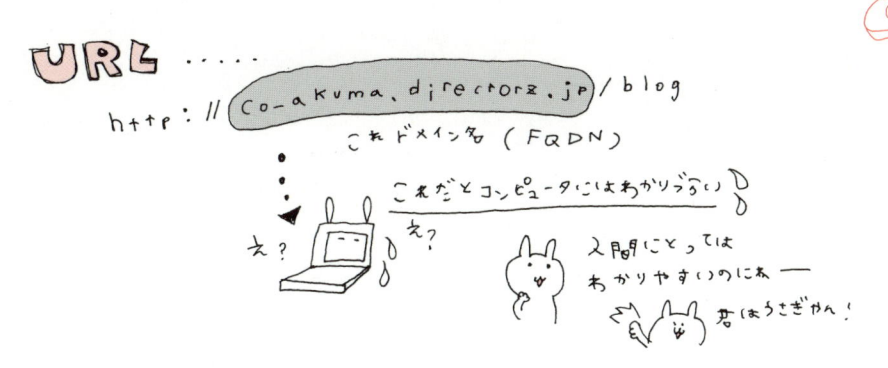

2-4 DNSのお仕事（その1）

URL......
http://co-akuma.directorz.jp/blog
これドメイン名（FQDN）

これだとコンピュータにはわかりづらい
え？
え？
人間にとってはわかりやすいのにね——
君はうさぎかへ！

じゃぁ，ドメイン名をIPアドレスになおしてコンピュータにわかりやすくしてあげましょう！——その仕事をするのがDNSです！！！

仲介役しちゃうよ！ぼく人間とコンピュータの
がんばるぞ
おー！
パチパチ
パチパチ

そして，そのシステムを行うコンピュータやサーバソフトウェアをDNSサーバと呼びます。

DNSって何？

Chapter 2
DNS って何？

そしてドメイン名と IP アドレスを対応付けするこの仕事のことを名前解決と呼びます。

論理的には，1 台の DNS サーバがあれば名前解決はできるのですが，サーバの負荷を軽減するためにゾーンごとに分けて管理ができるようなっています。

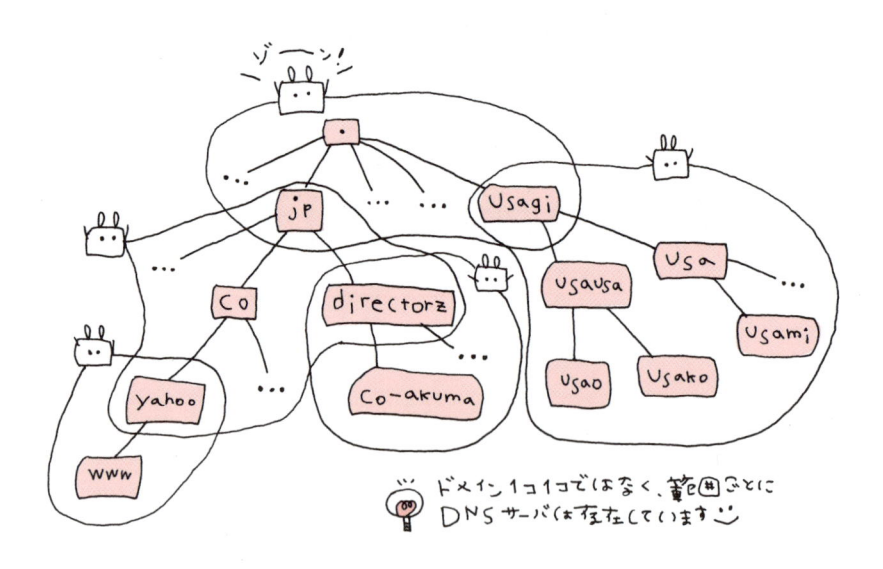

各 DNS サーバは基本的に上位の DNS サーバから権限委譲された範囲を管理します。うさうさ村のパトロールの様子を例に権限委譲とは何かを考えてみましょう！

2-4 DNS のお仕事（その1）

DNSって何?

権限委譲とは？

うさぎ国のうさ警察庁（ルートサーバ）はウサギ国を区域（ゾーン）に区切ってそれぞれうさパトカー（DNS サーバ）にパトロールを任せています。

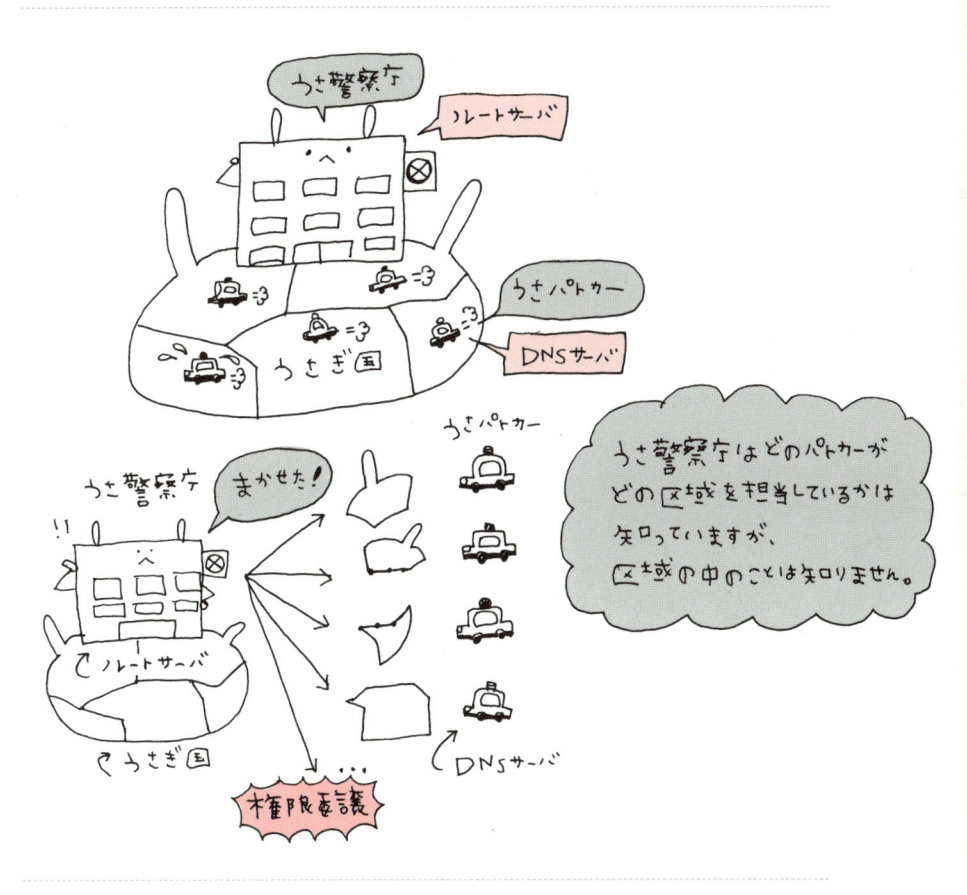

うさ警察庁 / ルートサーバ
うさパトカー / DNSサーバ
うさぎ国

まかせた！
うさ警察庁
ルートサーバ
うさぎ国

うさパトカー
DNSサーバ

… 権限委譲

うさ警察庁はどのパトカーがどの区域を担当しているかは知っていますが、区域の中のことは知りません。

Chapter 2
DNSって何？

うさパトカー（DNS サーバ）は任せられた区域（ゾーン）だけをパトロールします。

うさ警察庁はその区域を誰に任せたかはわかっていますが、その区域の中のことには関与しません。

ある区域のうさパトカーがうさぎがいっぱいいて管理大変だなーと思ったのでその区域を小さく区切って部下うさポリス（DNS サーバ）に任せ、その区域はパトロールしないことにしました。

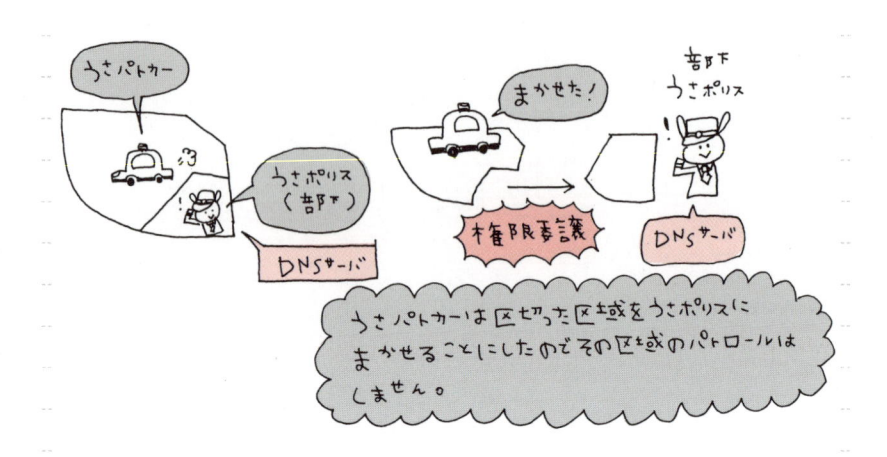

> うさパトカーは区切った区域をうさポリスにまかせることにしたのでその区域のパトロールはしません。

このように「この区域は君に任せる！僕は回らないよ！」というのが権限委譲です。

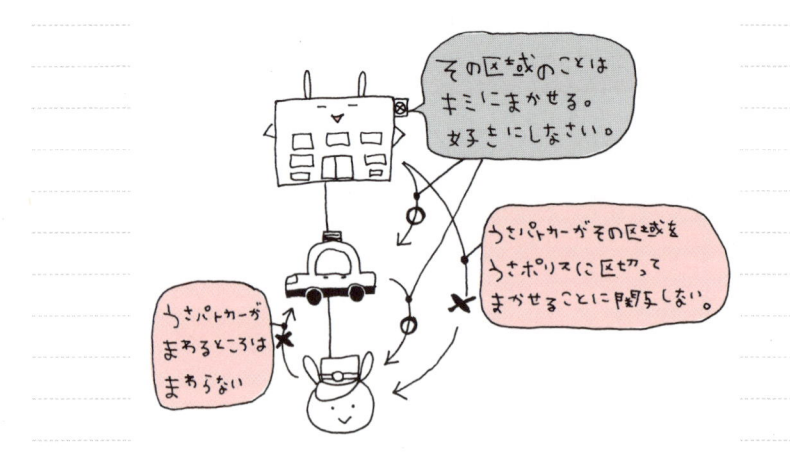

2-4 DNS のお仕事 (その1)

なので，名前解決は下に下に情報を聞いていきます。

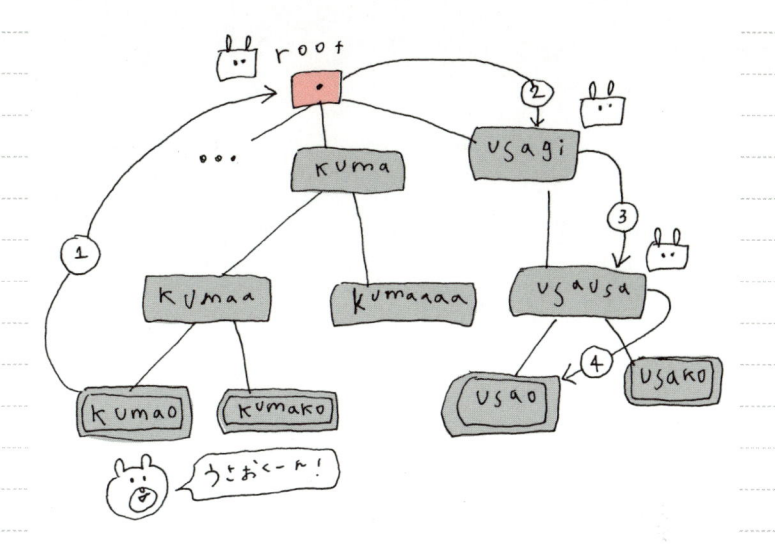

Chapter 2 DNSって何？

2-5 DNSのお仕事（その2）

DNSには3つのはたらきがあります。

自分の管理ゾーン応対
コンテンツサーバ
情報のありかを答えるのみ

問い合わせ
スタブリゾルバ
再帰問い合わせするクライアントがもつ

問い合わせに対し反復問い合わせする
フルサービスリゾルバ
反復問い合わせするキャッシュサーバとも呼ばれる

コンテンツサーバ，スタブリゾルバ（一般にリゾルバとはこれのこと），フルサービスリゾルバの3つです。それぞれどのようにはたらいているのでしょうか？

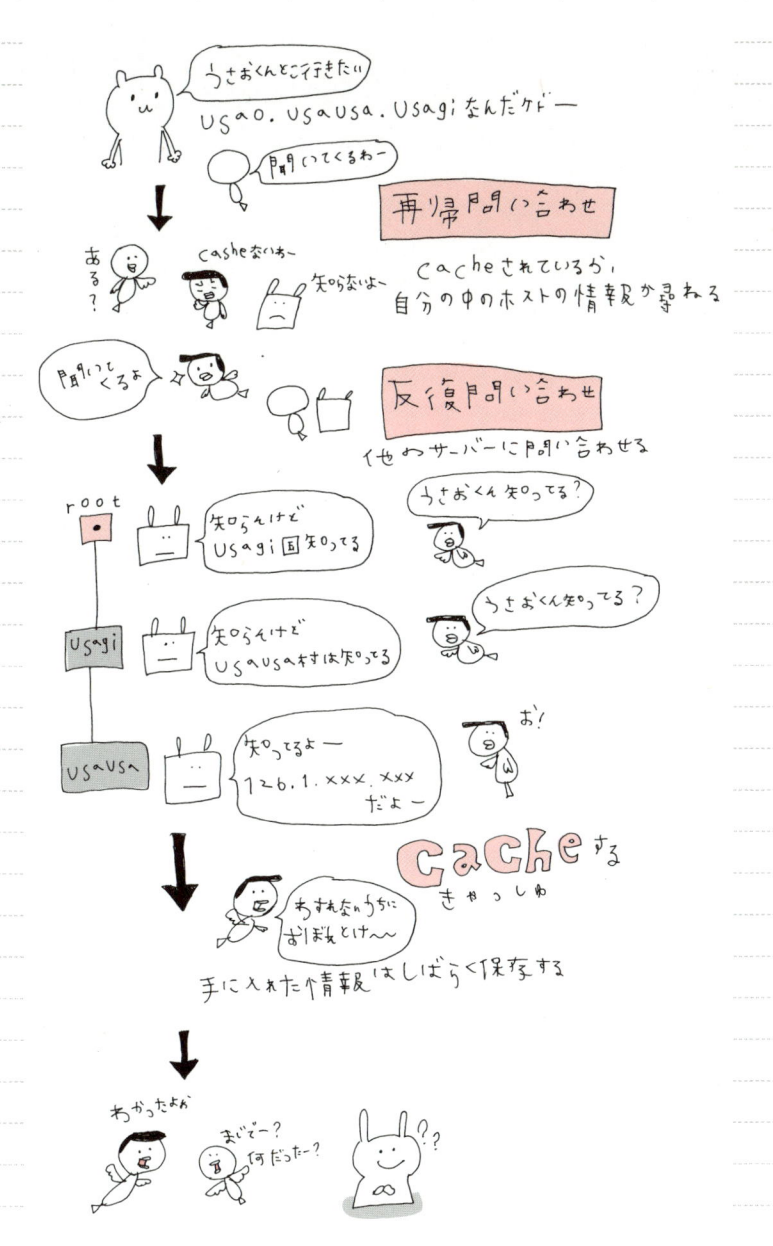

2-5 DNS のお仕事（その2）

DNSって何？

うさおくんとこに行きたい！
usao.usausa.usagi なんだけどー

聞いてくるわー

再帰問い合わせ
cacheされているか、自分の中のホストの情報が調べる

ある？
cacheないわー
知らないよ

聞いてくるよ

反復問い合わせ
他のサーバーに問い合わせる

root
知らんけど Usagi 国知ってる
うさおくん知ってる？

Usagi
知らんけど usausa村は知ってる
うさおくん知ってる？

usausa
知ってるよー 126.1.xxx.xxx だよー
お！

cache する
きゃっしゅ
おれなりに覚えとく〜
手に入れた情報はしばらく保存する

わかったよ
まじでー？
何だったー？
？？

Chapter 2
DNS って何？

　リゾルバ（スタブリゾルバ）がドメイン名に対応する IP アドレスがあるかを，自分の DNS サーバ内のフルサービスリゾルバがキャッシュしてないか，コンテンツサーバが情報を持っているかを尋ねます。これを再帰問い合わせと言います。対応付けができなければ，今度はフルサービスリゾルバが他の DNS サーバのコンテンツサーバに尋ねていきます。これは，対応付けができるまでつづけられるので，反復問い合わせと言います。

　IP アドレスとの対応付けができるコンテンツサーバに遭遇したら，その情報をフルサービスリゾルバがキャッシュします。そのはたらきにより，フルサービスリゾルバはキャッシュサーバとも呼ばれます。このようにして，DNS サーバは IP アドレスと DNS の対応付けをしているのです。

まとめ

- DNS とは IP アドレスとドメイン名を結びつける<u>名前解決を行うもの</u>
- DNS はゾーン毎に<u>1つ</u>おかれ，自分のゾーン<u>範囲内</u>の情報しか管理しない
- DNS には3つの役割があって，
  1. 自分の管理ゾーンを応対する **コンテンツサーバ**
  2. クライアント側で DNS に問い合わせする **リゾルバ**
  3. 問い合わせに対し反復問い合わせをする **フルサービスリゾルバ**

　…などがある ☺

2-6 ルートサーバって何だろう？（その1）

ルートサーバは，DNS のドメイン名前空間の頂点のサーバです。

下の絵は「サブドメインとルートドメインって何だろう？」の時に出てきたイラストです。

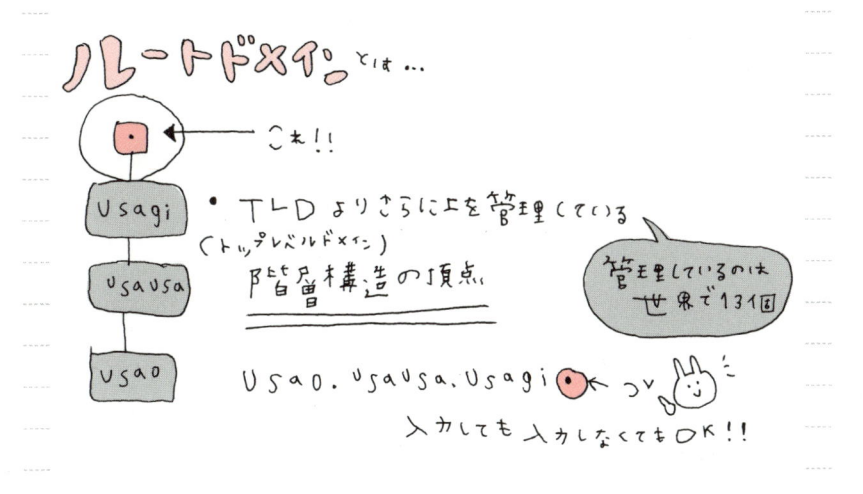

ルートドメインとは…

これ!!
- TLD（トップレベルドメイン）よりさらに上を管理している
- 階層構造の頂点

管理しているのは世界で13個

Usao.Usausa.Usagi● ← ●ついて入力しても入力しなくてもOK!!

このルートドメインの空間を管理しているのがルートサーバで，世界に 13 個存在しています。

Chapter 2
DNSって何？

(I) Autonomica
(E) NASA
(F) ISC
バージニア州州
メリーランド州州
(A) Verisign
(C) Cogent Communications
(D) メリーランド大学
(G) 米国防総省 ネットワークインフォメーションセンター
(H) 米陸軍研究所
(J) Verisign
(K) RIPE NCC
(M) TOKYO WIDEプロジェクト
(B) ISI
(L) ICANN

こあくま かんたん♡世界地図
てきとーでも ゆるしてね♡
日本 どこ？

　ルートサーバ 13 個の内そのほとんどがアメリカで管理されています。日本で管理しているのは，13 個目で WIDE プロジェクトによって管理されています。
　ルートサーバは基本的に全てが同じデータを持っています。ルートサーバはドメインのトップレベルドメインを管理する DNS サーバです。日本にあるサーバだから日本を管理しているわけではなく，ルートサーバは com も net も jp も to も cn も全てのトップレベルドメインの DNS サーバの IP アドレスを持っています。

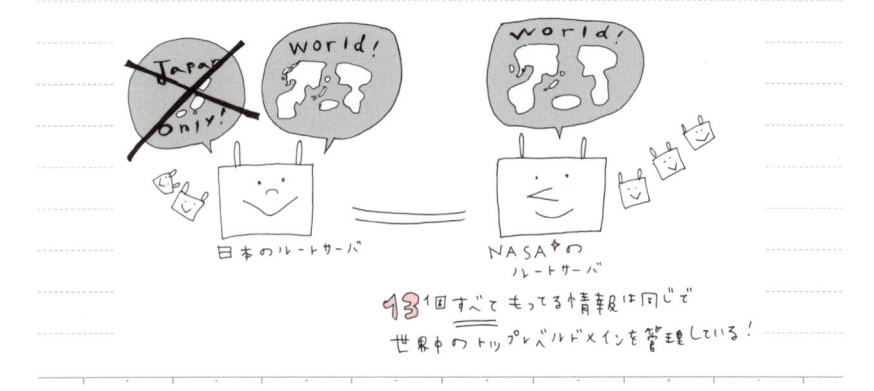

Japan Only! ✗
World!
World!
日本のルートサーバ
NASAのルートサーバ

13個 すべて もってる情報は同じで
世界中のトップレベルドメインを管理している！

2-6 ルートサーバって何だろう？（その1）

全てのルートサーバは a.root-servers.net から m.root-servers.net の正式名称を持っています。

日本のルートサーバは，WIDE プロジェクトが管理しているルートサーバの M.ROOT-SERVERS.NET で，

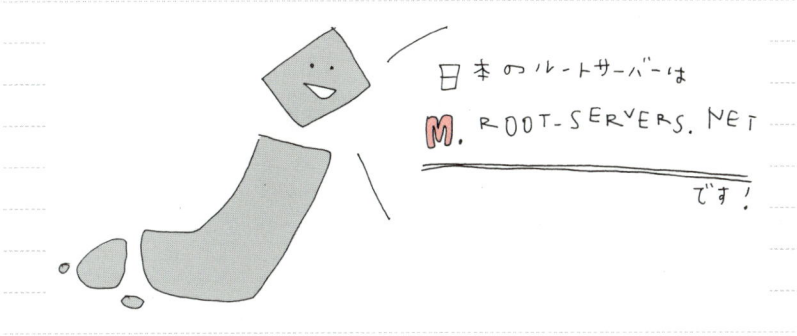

WIDE プロジェクトが管理しています。

WIDE プロジェクトは，慶應義塾大学の村井純教授らが中心になって 1988 年に設立された，インターネットに関する研究プロジェクトです。日本におけるインターネットの先駆け的存在の一つとなったことで知られています。

No.	Chapter 2
Date	DNS って何？

2-7 ルートサーバって何だろう？（その2）

でもたった13個で大丈夫なの？？

　ルートサーバは名前空間の最も上に位置するサーバです。
　──なので，もし13個全てのルートサーバがアクセスできない状態になると，インターネットは使えなくなってしまいます。
　2002年, ルートサーバへのDDoS攻撃によって13個の内9個のルートサーバが影響を受け，内7個は一時的にサービスが不能になった事件が起きました。

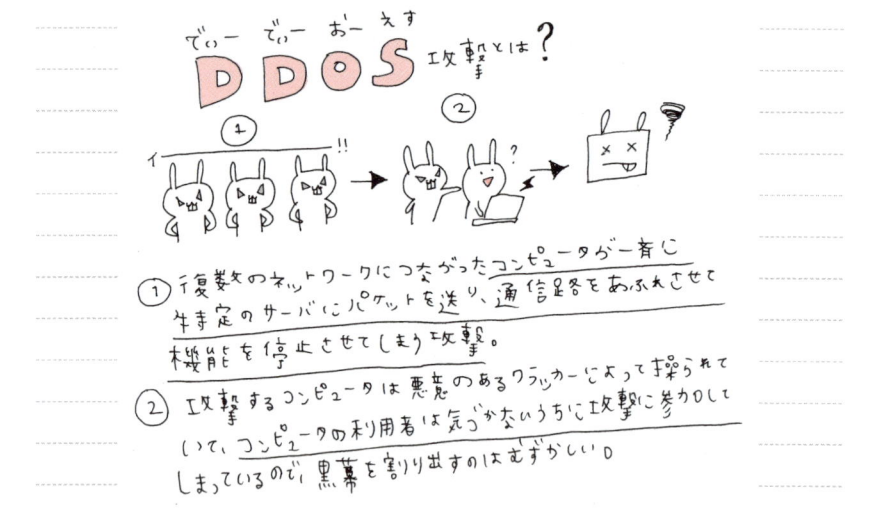

でぃー でぃー おー えす
DDoS 攻撃とは？

① 複数のネットワークにつながったコンピュータが一斉に特定のサーバにパケットを送り，通信経路をあふれさせて機能を停止させてしまう攻撃。

② 攻撃するコンピュータは悪意のあるクラッカーによって操られていて，コンピュータの利用者は気づかないうちに攻撃に参加してしまっているので，黒幕を割り出すのはむずかしい。

　DNSではプロトコル上の制限によりルートサーバとして指定可能なサーバが最大13個までに制限されているため，通常の方法ではそれを超える数のサーバを配置することはできません。
　そこで，IP Anycast という，IPアドレスを複数のサーバで共有する技術によって，同じIPアドレスを持つDNSサーバが世界各地に設置されました。IP Anycast では, ユーザはそのうち最も効率よく素速く情報を送ってくれるサーバに接続するようになっています。

2-7 ルートサーバって何だろう？(その2)

IP anycast
あいぴー えにーきゃすと

同じ = IPアドレスを = 持つ

もっとも効率よくデータをはやく送ってくれるP々へ

なので、日本にも M.ROOT-SERVERS.NET の他に 4 つの海外の企業が管理するルートサーバと同じ IP アドレスを持ったサーバが設置されています。

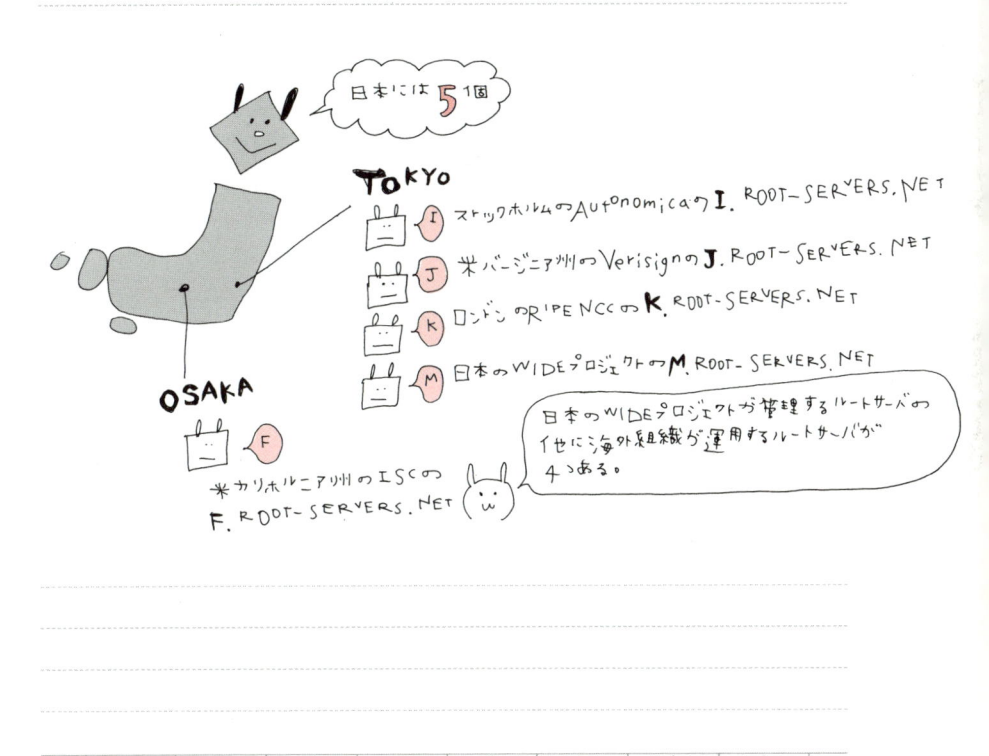

日本には **5** 1固

TOKYO
- I — ストックホルムのAutonomicaの **I**.ROOT-SERVERS.NET
- J — 米バージニア州のVerisignの **J**.ROOT-SERVERS.NET
- K — ロンドンのRIPE NCCの **K**.ROOT-SERVERS.NET
- M — 日本のWIDEプロジェクトの **M**.ROOT-SERVERS.NET

OSAKA
- F — 米カリフォルニア州のISCの **F**.ROOT-SERVERS.NET

日本のWIDEプロジェクトが管理するルートサーバの他に海外組織が運用するルートサーバが4つある。

Chapter 2 DNS って何？

つまり，13個というのは，ルートサーバの数ではなく，運用単位の数なのです。

つまり 13個とは・・・・
○ 運用単位の数 or 主体
× サーバ数

ルートサーバの管理するルートドメインは普段ドメイン名（FQDN）に書かれることはありません。しかし，このように管理されながら，インターネットの世界で重要な役割を果たしているのです！

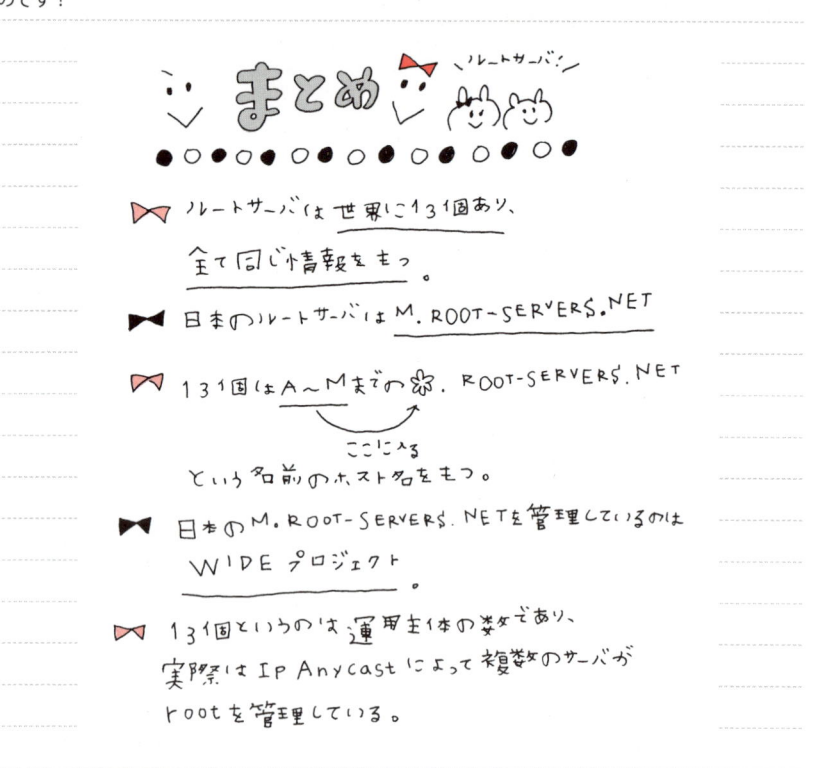

まとめ 〜ルートサーバ〜

- ルートサーバは世界に13個あり，全て同じ情報をもつ。
- 日本のルートサーバは M.ROOT-SERVERS.NET
- 13個は A〜M までの（ここに入る）.ROOT-SERVERS.NET という名前のホスト名をもつ。
- 日本の M.ROOT-SERVERS.NET を管理しているのは WIDE プロジェクト。
- 13個というのは運用主体の数であり，実際は IP Anycast によって複数のサーバが root を管理している。

2-8 dig コマンドとレコード

人間にわかりやすいドメイン名（FQDN）とコンピュータにわかりやすい IP アドレスを対応付けしてくれるのが DNS で，この仕事を名前解決と呼ぶんでしたよね。

この名前解決を具体的にしてくれる DNS クライアントが dig コマンドです！

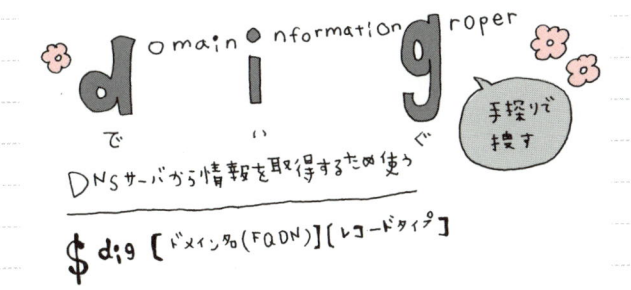

d omain **i** nformation **g** roper

で　　　い　　　ぐ

DNS サーバから情報を取得するため使う　（手探りで捜す）

$ dig [ドメイン名(FQDN)] [レコードタイプ]

dig とは，domarn information groper の略です。

ターミナルで，

```
$ dig [ドメイン名（FQDN）][レコードタイプ]
```

と入れるとそのドメインに関するデータが調べられます。

そのデータの形がレコードです。

Chapter 2
DNS って何？

record とは ....
れ こ ー ど

DNSによって得られるドメイン名・IPアドレス・DNSサーバなどのさまざまなデータの提供される形。

DNS レコードには IP を指定する A レコードやメールサーバを指定する MX レコード……などなどたくさん種類のレコードタイプがあります。

..レコードタイプ.......

A レコード　NS レコード　SOA レコード
MX レコード　TXT レコード　など　など

試しに

```
$ dig co-akuma.directorz.jp
```

と小悪魔ブログのドメイン名を入れてみると,

```
;; ANSWER SECTION:
co-akuma.directorz.jp. 3600 IN A 125.6.176.32
```

と出ます！

A レコードとは

A レコードは，ドメイン名（FQDN）から IP アドレスを調べる（正引き）レコードです。

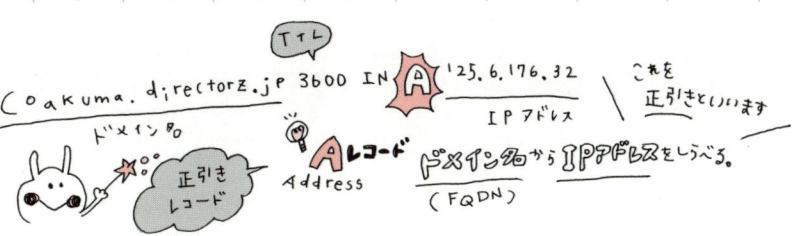

2-8 dig コマンドとレコード

ここでは、「coakuma.directorz.jp というドメイン名（FQDN）に対応する IP アドレスは 125.6.176.32 です」と書いてあります。

レコードとして得られた情報はしばらくの間保存＝キャッシュされます。

キャッシュによって情報が保存されることで同じページを見るのに何度も問い合わせする必要がなくなります。

このレコードのキャッシュの有効期限を秒数で書いているのが TTL です。ここでは 3600（秒）となっているので 1 時間キャッシュされます。

```
$ dig co-akuma.directorz.jp
```

というようにレコードタイプを省略すると A レコードが検索されます。

Chapter 2

DNS って何？

NSレコードとは！

```
$ dig
```

のようにターミナルで dig とだけ入力すると，

```
;; QUESTION SECTION:
;. IN NS
;; ANSWER SECTION:
. 518400 IN NS c.root-servers.net.
. 518400 IN NS i.root-servers.net.
. 518400 IN NS m.root-servers.net.
. 518400 IN NS h.root-servers.net.
. 518400 IN NS d.root-servers.net.
. 518400 IN NS g.root-servers.net.
. 518400 IN NS k.root-servers.net.
. 518400 IN NS b.root-servers.net.
. 518400 IN NS l.root-servers.net.
. 518400 IN NS f.root-servers.net.
. 518400 IN NS j.root-servers.net.
. 518400 IN NS e.root-servers.net.
. 518400 IN NS a.root-servers.net.
```

のように言われます．

NS レコードが登場しましたね。これは，ゾーン権限を持つ DNS サーバを指定するレコードです．

. → ルート
518400 → TTL / 518400秒 / 6日間
IN
NS → NameServer / NSレコード / ゾーンの権威を持つ DNS サーバの指定
c.root-servers.net. → DNS サーバ名

2-8 dig コマンドとレコード

ここでは，「ルートのゾーンを管理している DNS サーバはこの 13 個です。」と書いてあります。

NS レコードはフルサービスリゾルバによる反復問い合わせの時（2-5 節参照）に下位のゾーンの権限を持つ DNS サーバを指定する時使われます。

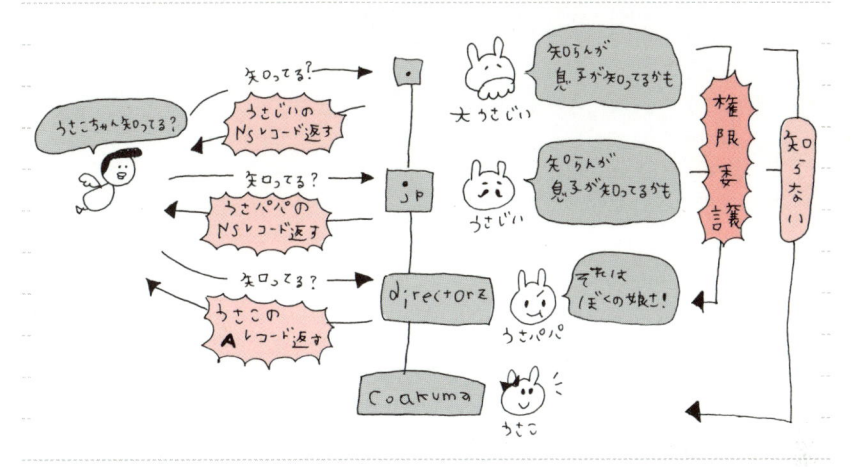

DNS サーバは自分の直下と自分しか知らないので，名前解決は 1 つずつ下に下に反復して情報を聞いていきます。

うさこちゃんのひいおじいちゃんはうさこちゃんのじいちゃんにうさぱぱ（とその下）のことを権限委譲（2-4 節参照）しているため，うさこちゃんのことを知りません。

そのため，「うさこちゃんは知らないけどうさじい（のゾーンの DNS サーバ）が知ってる」と言ってうさじいの情報をくれます。この時渡される情報がうさじいの NS レコードです。

dig コマンドでこの動作と同じことをすると

```
$ dig @m.root-servers.net co-akuma.directorz.jp
```

こんな感じです。

同じようにうさじいも権限委譲しているのでうさこちゃんのことを知りません。そのためうさぱぱの NS レコードをくれます。

コマンドで言うと

```
$ dig @a.dns.jp co-akuma.directorz.jp
```

Chapter 2
DNS って何？

うさぱぱはうさこちゃんのことを知っているので IP（A レコード）を渡します。

コマンドで言うと

```
$ dig @dns1.directorz.jp co-akuma.directorz.jp
```

このようにフルサービスリゾルバはどんなふうに動いてるのかな？——ってことを dig コマンドの実行によって見てみたわけですが,

```
$ dig co-akuma.directorz.jp
```

としても co-akuma.directorz.jp の IP は手に入れられましたよね？

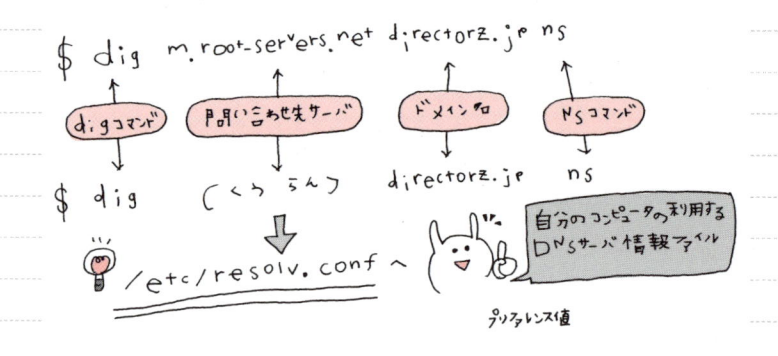

なぜかと言うと問い合わせ先サーバが空欄になっていると /etc/resolv.conf に書いてある DNS サーバが反復問い合わせをしてくれるからです（利用する環境に依存します）。これは自分のコンピュータが利用する DNS サーバの情報のファイルです。

次は MX レコードです。

2-8 dig コマンドとレコード

```
$ dig directorz.jp mx
```

と入力するとこのように出ます。

```
;; ANSWER SECTION:

directorz.jp. 1736 IN MX 3 mail.directorz.jp.
```

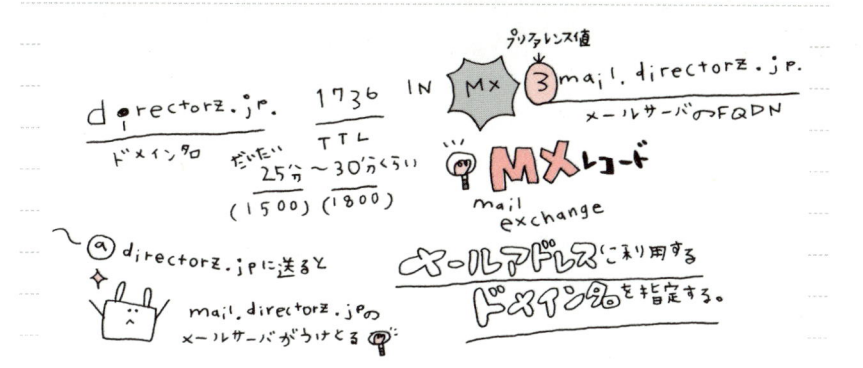

MX レコードはメールアドレスに利用するドメイン名（FQDN）を指定するレコードです。

ここでは「@の後ろが directorz.jp となっているメールアドレスに送られたメールは mail.directorz.jp のメールサーバが受け取ります。」と書いてあります。メールアドレスはユーザー名 + ドメイン名（FQDN）でできています。

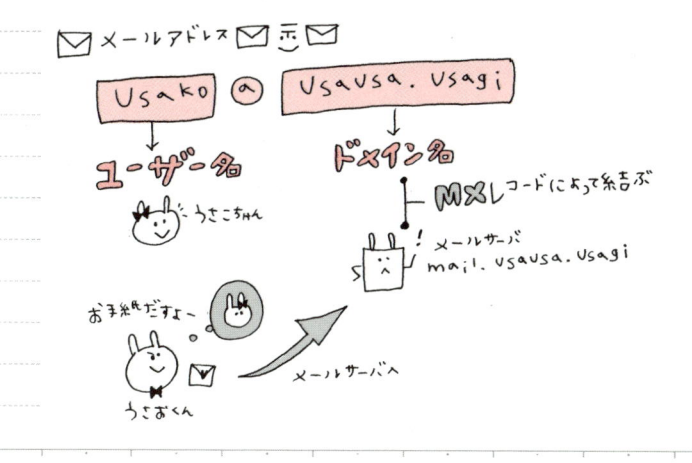

Chapter 2
DNS って何？

MX レコードはドメイン名とメールサーバの FQDN とを結びつけます。そのため，もしうさおくんがうさこちゃんにお手紙を出すと，MX レコードでうさこちゃんのドメイン名と結びつけられた FQDN のメールサーバに送られるのです。

MX レコードにはメールサーバの優先順位を付けるプリファレンス値というものがあります。

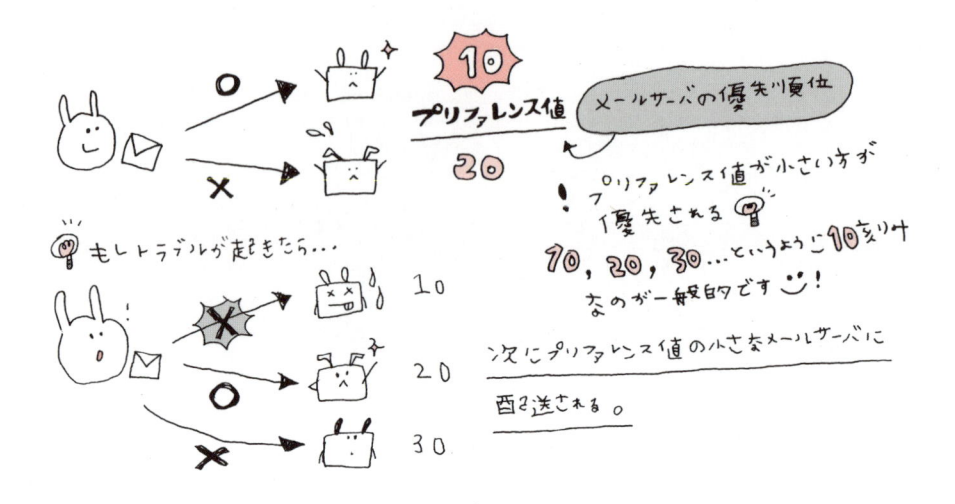

プリファレンス値 — メールサーバの優先順位

プリファレンス値が小さい方が優先される。
10, 20, 30…というように 10 きざみなのが一般的です！

もしトラブルが起きたら…

次にプリファレンス値の小さなメールサーバに配送される。

プレファレンス値はドメイン名に結びつけられたメールサーバが 2 つ以上の時どちらを優先的に使うかを表しています。

プレファレンス値がより低いほうから順番に優先して使われます。

4 つ目は SOA レコードです！

SOA レコードとは

SOA レコードはゾーン権限を持っている DNS サーバとその詳細が書かれているレコードです。

```
$ dig directorz.jp soa
```

と入力すると……，

2-8 dig コマンドとレコード

```
;; ANSWER SECTION:

directorz.jp. 2560 IN SOA    dns1.directorz.jp. hostmaster.directorz.jp.
1286337318 16384 2048 1048576 2560
```

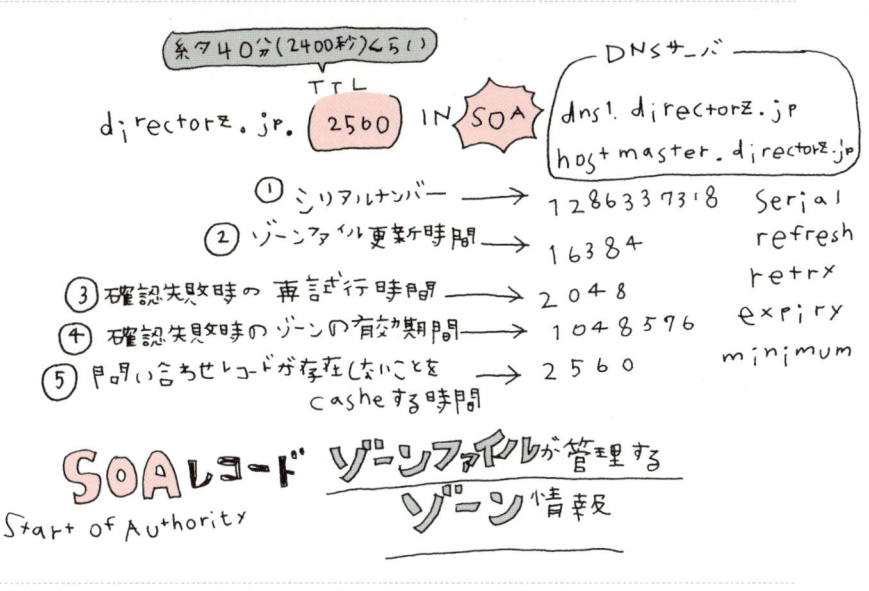

directorz.jp. **2560** IN SOA   約40分(2400秒)くらい TTL

DNSサーバ: dns1.directorz.jp / hostmaster.directorz.jp

① シリアルナンバー → 1286337318　Serial
② ゾーンファイル更新時間 → 16384　refresh
③ 確認失敗時の再試行時間 → 2048　retry
④ 確認失敗時のゾーンの有効期間 → 1048576　expiry
⑤ 問い合わせレコードが存在しないことをcacheする時間 → 2560　minimum

SOAレコード Start of Authority　ゾーンファイルが管理するゾーン情報

　数字がたくさん並んでますが，これはゾーン管理のための情報です。
　DNSでは，複数のサーバでゾーン管理することによってDNSサーバの負担を軽減したり，障害が発生してもすぐ対策できるようになっています。

Chapter 2

DNS って何？

みんなで管理!!

マスターサーバ — 管理者が設定する

うさゾーン

スレーブサーバ — マスターサーバの情報をコピーする = ゾーン転送

そうすることで、仕事を分担し、障害時でも大丈夫！になっているのです

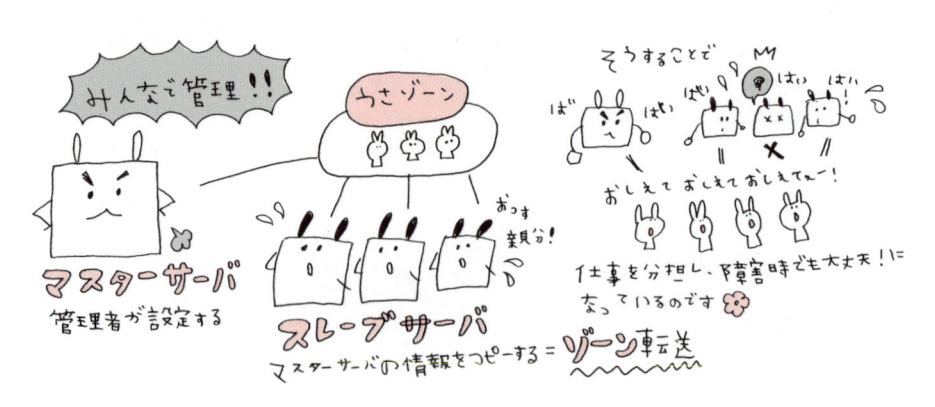

　ネームサーバには管理者が設定するマスターサーバと，そのデータのコピーを持つスレーブサーバが存在します。

　この，スレーブサーバによるマスターサーバのゾーン情報をコピーする作業をゾーン転送と言います。

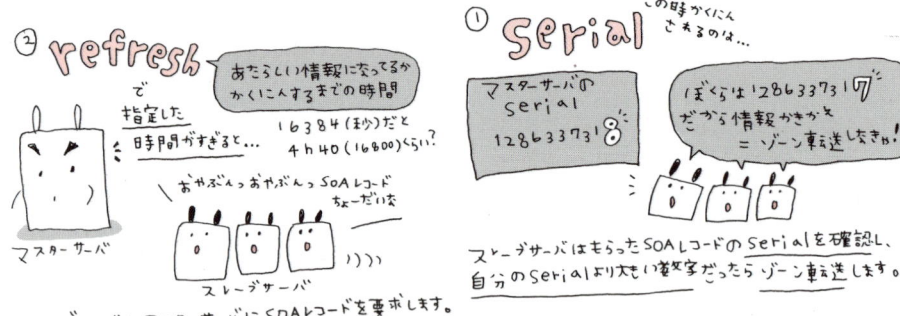

---

② refresh で指定した時間がすぎると…

あたらしい情報になってるかかくにんするまでの時間

16384（秒）だと 4h40（16800）くらい？

おやぶーんっ おやぶんっ SOAレコードちょーだいな

マスターサーバ／スレーブサーバ

スレーブサーバはマスターサーバにSOAレコードを要求します。マスターサーバのゾーン情報が新しいものになってないか確認するためです。

---

① Serial この時かくにんされるのは…

マスターサーバの serial 1286337318

ぼくらは 1286337317 だから情報かきかえ ＝ ゾーン転送しなきゃ！

スレーブサーバはもらったSOAレコードのserialを確認し、自分のserialより大きい数字だったらゾーン転送します。

102

2-8 dig コマンドとレコード

スレーブサーバは refresh の時間に沿ってマスターサーバの serial を確認して，自分の持っているものより大きいシリアルナンバーになっていたら，ゾーン転送を行います。

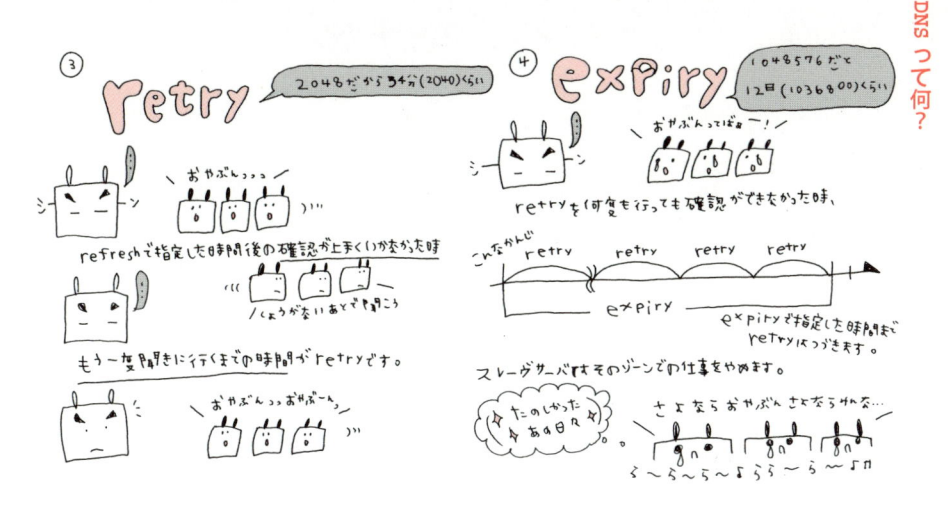

③ retry 〔2048だから34分(2040)くらい〕

refresh で指定した時間後の確認が上手くいかなかった時，もう一度聞きに行くまでの時間が retry です。

④ expiry 〔1048576だから12日(1036800)くらい〕

retry を何度行っても確認ができなかった時，expiry で指定した時間まで retry につづきます。スレーブサーバはそのゾーンの仕事をやめます。

retry はゾーンファイル更新の確認が上手くできなかった時，再確認を行うまでの時間を指定しています。再確認が失敗し，expiry に指定された時間が経過してしまった時，スレーブサーバはそのゾーンのサーバとして動くことをやめます。これは，トラブルが起きた時，誤った情報を流し続けないようにするため指定されています。

minimum はネガティブキャッシュの TTL です。

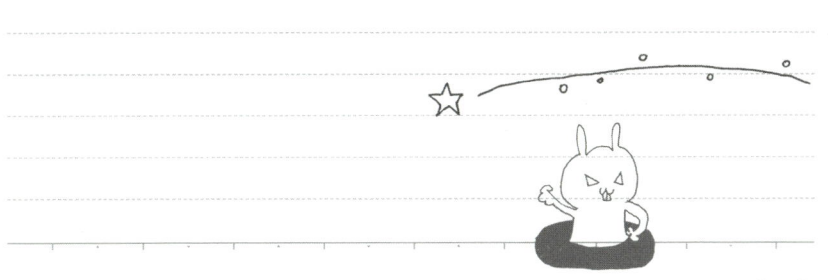

No.	**Chapter 2**
Date	DNSって何？

⑤ **minimum**

ネガティブキャッシュのTTL

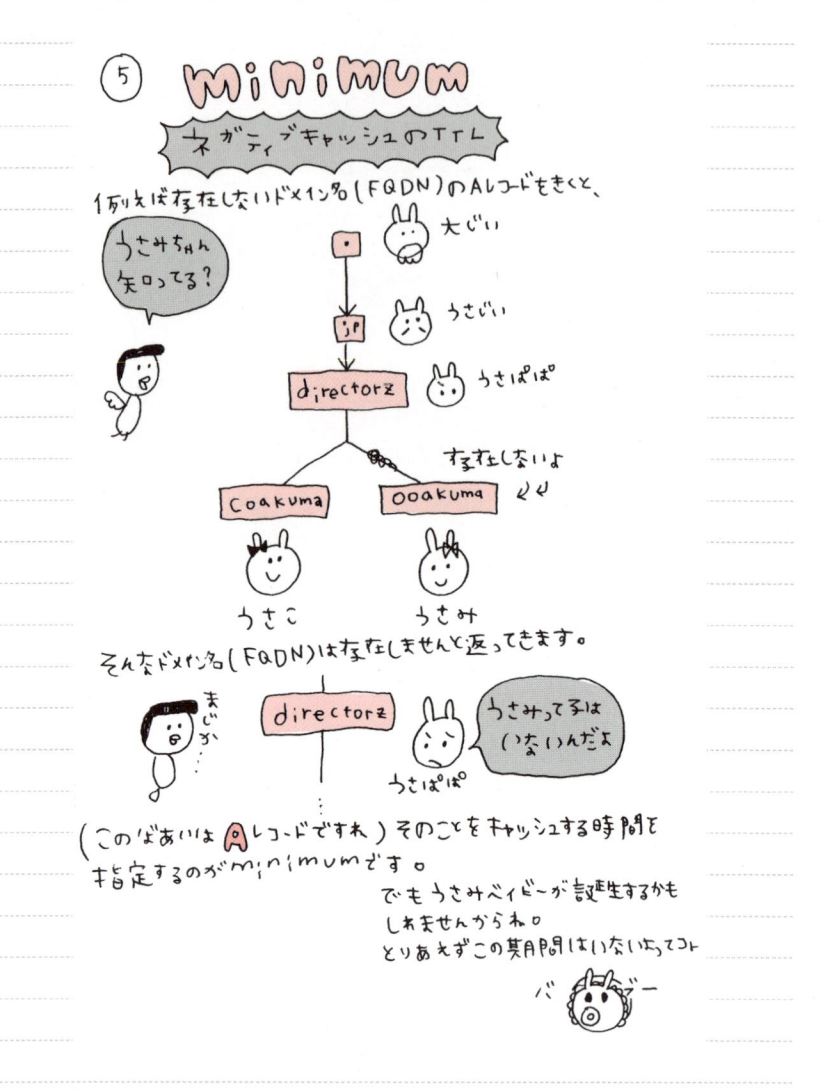

例えば存在しないドメイン名（FQDN）のAレコードをきくと、

「うさみちゃん知ってる？」

・ — 大じい
jp — うさじい
directorz — うさぱぱ

存在しないよ

Coakuma Ooakuma
うさこ   うさみ

そんなドメイン名（FQDN）は存在しませんと返ってきます。

まじかー

directorz

うさぱぱ 「うさみって子はいないんだよ」

（このばあいは **A** レコードですね）そのことをキャッシュする時間を指定するのがminimumです。

でもうさみベイビーが誕生するかもしれませんからね。
とりあえずこの期間はいないってコト

バブー

　たとえば，存在しない oo-akuma.directorz.jp という FQDN のレコードを尋ねても，ありませんってことが返ってくるだけです。
　その「ありません」という返事をキャッシュするのがネガティブキャッシュです。

最後は TXT レコードです。

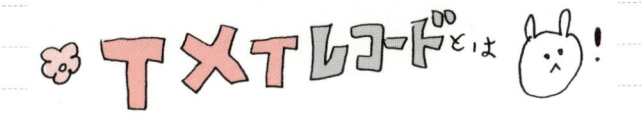

TXTレコードとは

文章（テキスト）をドメイン名に関連づけられるのが TXT レコードです。

```
$ dig directorz.jp txt
```

と入力すると……，

```
;; ANSWER SECTION:
directorz.jp. 3600 IN TXT "v=spf1 ip4:125.6.176.0/24
ip4:211.125.109.73 ip4:219.94.152.26 ~all"
```

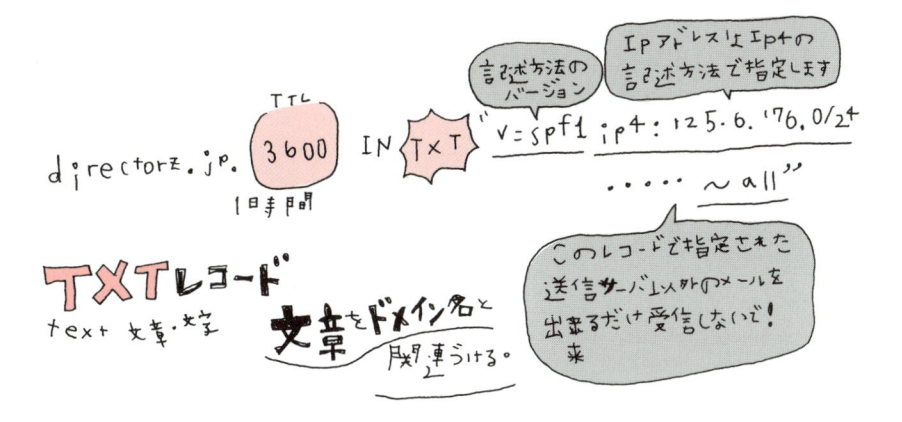

ここでは，「directorz.jp というドメインは IP アドレスは IPv4 で記述されていて，125.6.176.0/24（他2つ）以外の IP アドレスから directorz.jp として送られてきたメールはなりすましの可能性があるためできるだけ受信しないでください」と書いてあります。

Chapter 2 DNSって何？

TXT レコードは DNS の拡張用に用意されたレコードで，最近では主にメールサーバの IP アドレスを確認して，送信メールのなりすましを防ぐために使われます。

まとめだよー♡！

1. dig とは DNS サーバから情報を取得するためのコマンド
2. dig [ドメイン名（FQDN）] [レコードタイプ] と入れるとそのドメインに関するデータが調べられる。
3. そのデータの形がレコードで、レコードには様々なレコードタイプがある。
4. A レコードはドメイン名（FQDN）から IP アドレスをしらべる正引き用レコード
5. NS レコードはゾーン権限をもつ DNS サーバの指定のためのレコード
6. MX レコードはメールアドレスに利用するドメイン名の指定のためのレコード
7. SOA レコードはゾーンファイルがもつゾーン情報が記述されたレコード
8. TXT レコードはテキストをドメイン名に関連づけできるレコード

2-9 whois コマンドとは？

whois コマンドとは，ドメイン名の登録者などの情報を見ることができるコマンドです。

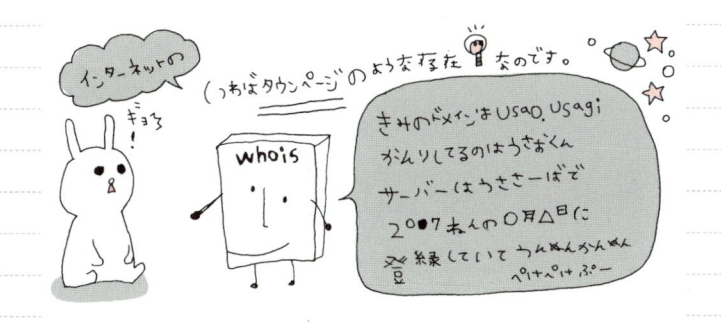

それでは directorz.co.jp で whois の中身を試しに見てみましょう！

ターミナルで，

```
$ whois -h whois.jprs.jp directorz.co.jp/e
```

と入力すると情報が見られます。

Chapter 2
DNS って何？

```
$ whois -h whois.jprs.jp directorz.co.jp /e
  └whoisコマンド ↑   └検索先サーバ┘ └検索したいドメイン名┘ └全部
         オプション                      (検索ワード)         英語で
                                                          表示する
```

whois → whois データベースサーバ指定

whois.jprs.jpサーバさん directorz.co.jpのドメイン名登録情報をおしえてください。

ない場合は日本語でできます

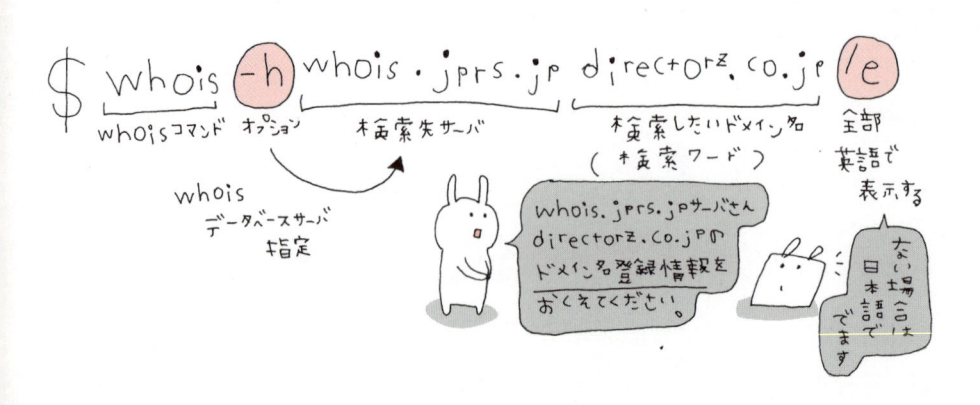

日本のドメイン名を管理している団体は JPRS（日本レジストラサービス）です。

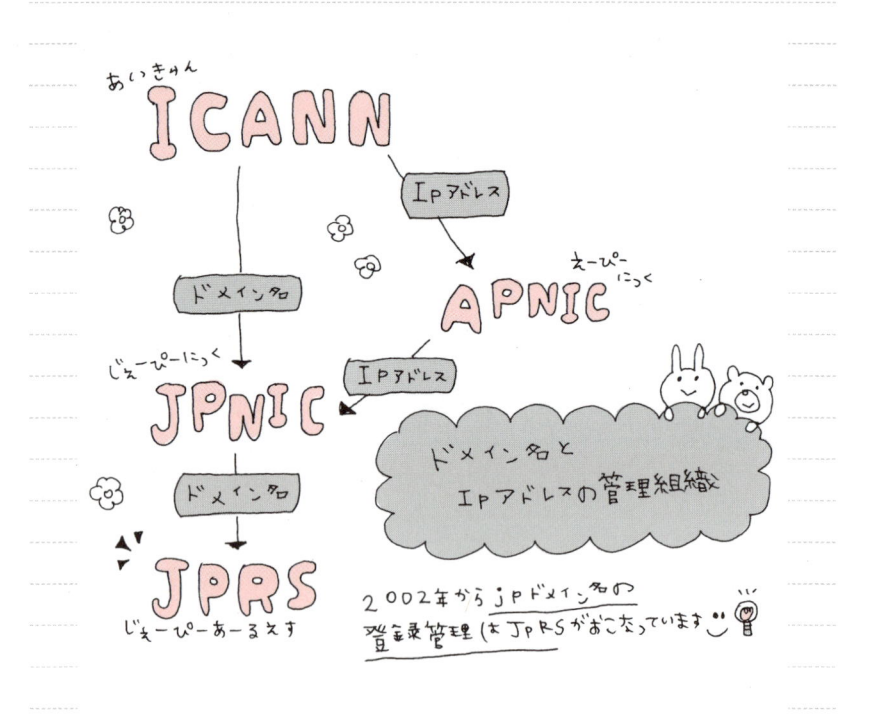

あいきゅん
ICANN
  │ ドメイン名 │ IPアドレス
  ↓   ↓
じぇーぴーにっく   えーぴーにっく
JPNIC ← IPアドレス ─ **APNIC**
  │ ドメイン名
  ↓
JPRS
じぇーぴーあーるえす

ドメイン名と IPアドレスの管理組織

2002年から jp ドメイン名の登録管理は JPRS がおこなっています😊

2-9 whois コマンドとは？

そのため，検索先サーバにはドメイン名登録を管理している JPRS の whois サーバが入っています。

また，whois は JPRS の検索サービス (http://whois.jprs.jp/) でも見ることができます。

さてさて，directorz.co.jp を whois 検索すると，

```
Domain Information:

a. [Domain Name]                DIRECTORZ.CO.JP

g. [Organization]               Directorz Co., Ltd.

l. [Organization Type]          corporation

m. [Administrative Contact]     KK19885JP

n. [Technical Contact]          KK19885JP

p. [Name Server]                dns1.directorz.jp

p. [Name Server]                dns2.directorz.jp

[State]                         Connected (2010/10/31)

[Registered Date]               2008/10/31

[Connected Date]                2008/10/31

[Last Update]                   2009/11/01 01:48:21 (JST)
```

となっていて，パッと見ると管理者の名前がわからなくなってますね。

Chapter 2
DNS って何?

Domain information

a. [Domain Name] Directorz.co.jp
b. [Organization] Directorz co., Ltd.
　　　　組織・団体名
l. [Organization Type] Corporation
m. [Administrative Contact] KK19885JP
　　　　管理者名

> ここは ハンドルネームで 書かれます

マメチシキ ♥
> KKのぶぶん、イニシャルがそう来てるんだってー

n. [Technical contact] KK19885JP
　　　　技術担当者名

p. [Name Server] dns1.directorz.jp　サーバ！
　[State] Connected (2010/10/31) ← ドメインの期限切れ日
　[Registered Date] 2008/10/31
　[Connected Date] 2008/10/31 ← 登録して使いはじめた日
　[Last Update] 2009/11/01 01:48:21 ← 最終期間更新日

" " マメチシキ
> ドメインには権利期間があり、一般的には1年たつと更新手続を行う必要があります。

そのため,

```
$ whois -h whois.jprs.jp KK19885JP/e
```

と入力すると管理者情報が見れます。

2-9 whois コマンドとは？

```
$ whois -h whois.jprs.jp KK19885JP /e
```

- `$ whois` … whois コマンド
- `-h` … オプション
- `whois.jprs.jp` … 検索先サーバ（指定）
- `KK19885JP` … 検索したい人物（検索ワード）
- `/e` … 全て英語で表示（ない場合 日本語）

（吹き出し）whois.jprs.jpさん、KK19885JPってだれですか？

DNSって何？

反対に IP アドレスも whois 検索できます。

```
$ whois -h whois.nic.ad.jp 182.161.76.35
```

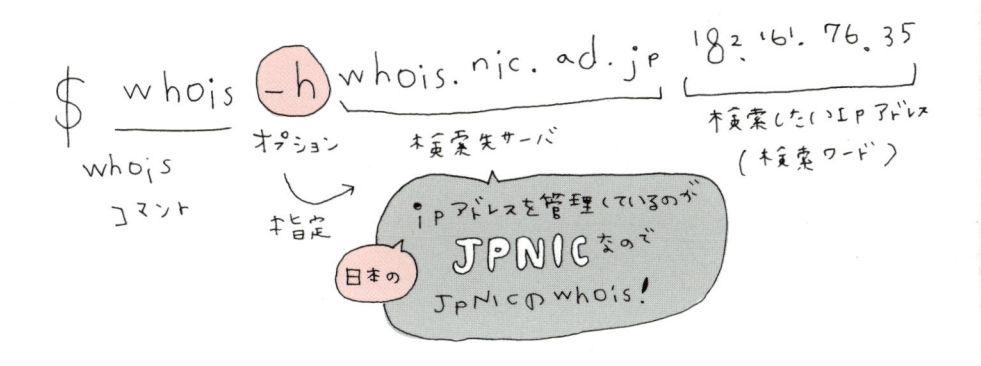

- `$ whois` … whois コマンド
- `-h` … オプション（指定）
- `whois.nic.ad.jp` … 検索先サーバ
- `182.161.76.35` … 検索したい IP アドレス（検索ワード）

（吹き出し）IPアドレスを管理しているのが JPNIC なので 日本の JPNIC の whois！

サーバの中で whois のサービス用ポート番号として割り当てられているのは 43 番ポートです。

Chapter 2

DNS って何？

whois は 43番ポート

ポート番号とはサーバで行われるサービス1つ1つにつけられたサービス特定番号のこと

ホームページ（WWW）は 80
DNS は 53　…などなど

```
$ telnet whois.jprs.jp 43
```
- telnet コマンド
- 通信
- 入りたいサーバ
- ポート番号

telnet をつかうととおくのサーバに接続してそのサーバの前にいるように操作できるのです！

　そのため，telnet で whois.jprs.jp の 43 番ポートに接続して directorz.co.jp と打つと，whois と同じ情報が見られます！

　この whois，何のために公開されているのかと言うと，

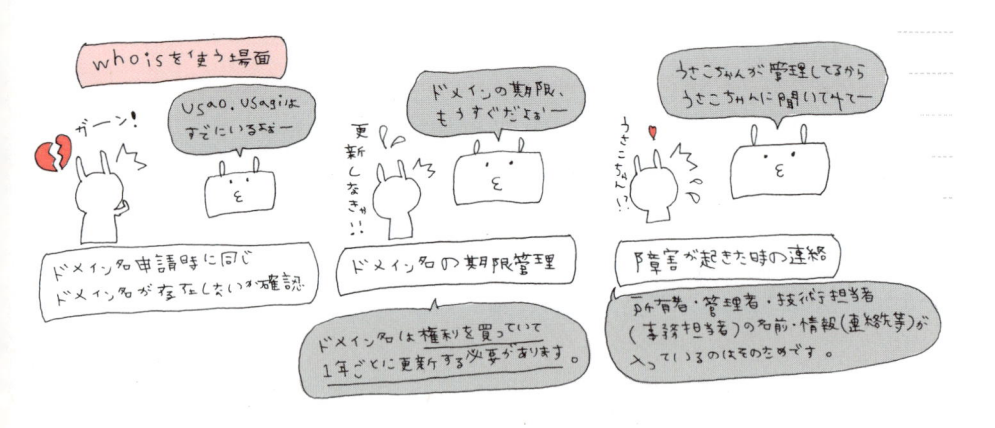

whois をつかう場面

- ガーン！ / usao.usagi はすでにいるぞー
  - ドメイン名申請時に同じドメイン名が存在しないか確認。
- 更新しなきゃ…！ / ドメインの期限、もうすぐだよー
  - ドメイン名の期限管理
  - ドメイン名は権利を買っていて1年ごとに更新する必要があります。
- でっでも…？ / うさこちゃんが管理してるからうさこちゃんに聞いてみてー
  - 障害が起きた時の連絡
  - 所有者・管理者・技術担当者（事務担当者）の名前・情報（連絡先等）が入っているのはそのためです。

　ドメイン名の申請時に同じドメインが存在しないかどうか確認したり，ドメイン名の期限管理に使ったり，障害が起きた時の連絡などなど……のため公開されています。
　このように whois は障害が起きた時にとても便利な機能です。しかし！　やはり個人情報なので，プライバシーの問題があります。

2-9 whoisコマンドとは？

しかし，whoisはトラブル解決のための連絡先なので非公開にはできません。そのため，日本（JP）のドメインは公開連絡窓口というものを設置しています。

この公開連絡窓口の制度は，ドメイン所有者に連絡がつくならば，whoisで公開される個人情報をドメイン管理業者などの代替情報で登録し，公開することができるようにしています。

だけど，悪うささんのような悪い人がいなくなることが一番ですよね。whoisを使う時は道徳的な判断を持って使いましょう！

Chapter 2 DNS って何？

2-10 逆引きって何だろう？

ドメイン名（FQDN）から IP アドレスを調べること，それを正引きと呼びます。

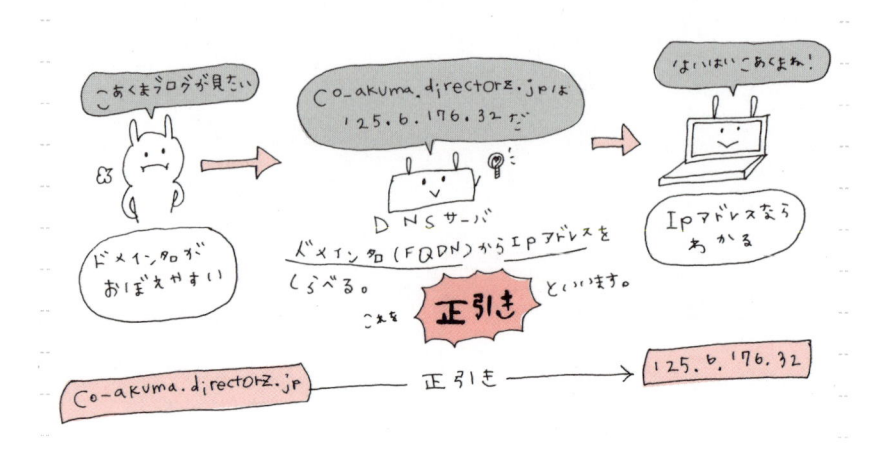

(図：〜あくまブログが見たい → DNSサーバ「Co-akuma.directorz.jp は 125.6.176.32 だ」→ IPアドレスならわかる
ドメイン名がおぼえやすい
ドメイン名（FQDN）から IP アドレスをしらべる。これを 正引き といいます。

Co-akuma.directorz.jp ——正引き—→ 125.6.176.32)

DNS がこの正引きをしてくれることで，小悪魔ブログを見たりできるのです。その反対に，IP アドレスからドメイン名（FQDN）を調べることを逆引きと言います。

今日は，逆引きについて勉強しましょう！

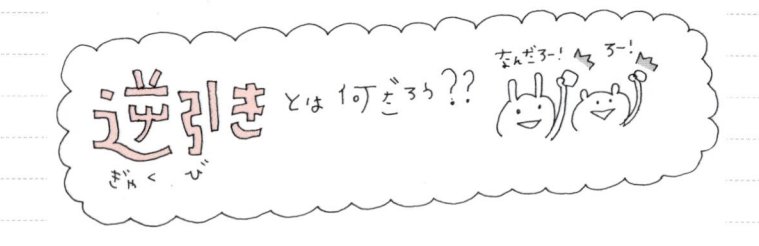

逆引き とは何だろう？？ なんだろー！ ろー！
ぎゃく び

逆引きとは，IP アドレスからドメイン名を調べることを言います。

2-10 逆引きって何だろう？

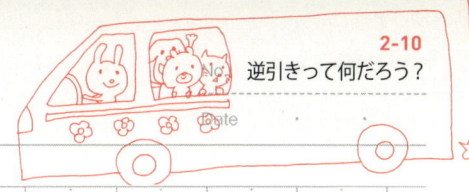

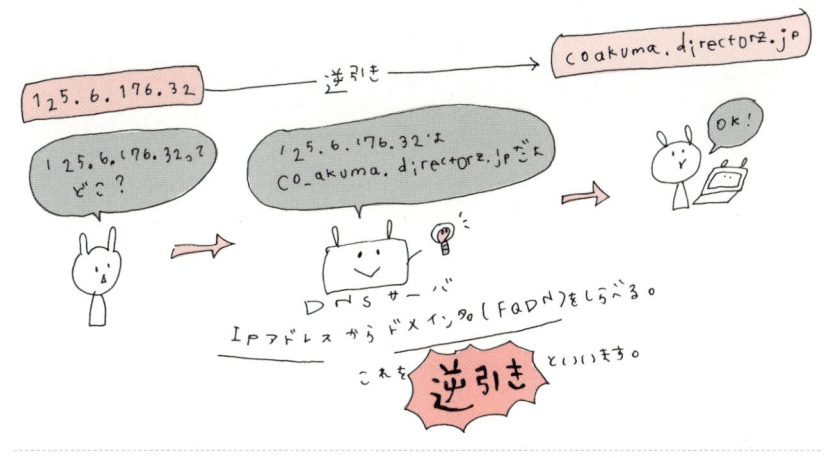

正引きにドメインツリーがあるように，逆引きにもドメインツリーが存在します。
小悪魔 IP アドレスで見てみましょう！

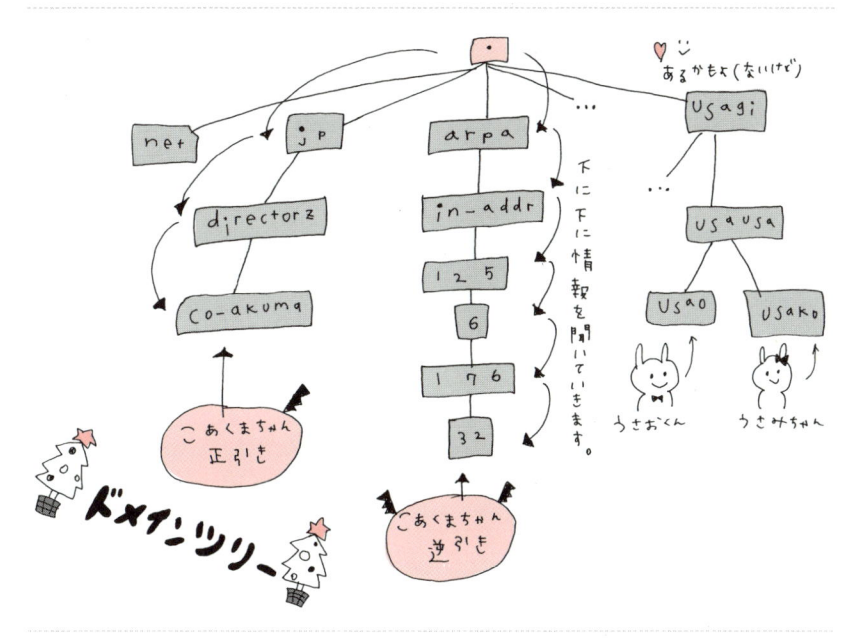

.arpa と in-addr って 2 つ何か上に付けいてますね。in-addr.arpa. とは，逆引き用のドメインです。

No. **Chapter 2**
Date **DNS って何？**

`125.6.176.32 の逆引きドメイン`

Address and Routing Parameter Area の略

32. 176. 6. 125. **in-addr. arpa.** 逆引きドメイン

IPアドレスを逆順にならべたもの　　IPv4のアドレス体系を示す

> 逆引き用のドメインは IP アドレスを逆順に並べたものに，in-addr.arpa の付けいた形をしています。試しに dig コマンドで逆引きの様子を見てみましょう！

```
$ dig 32.176.6.125.in-addr.arpa. ptr
```

> と入力すると対応するドメイン名（FQDN）が見られます。

$ **dig** 32.176.6.125. in-addr.arpa. **ptr**
　digコマンド　　125.6.176.32の逆引き用ドメイン　　PTRコマンド
　　　　　　　　　　　　　　　　　　　　IPアドレスからドメイン名(FQDN)をしらべる

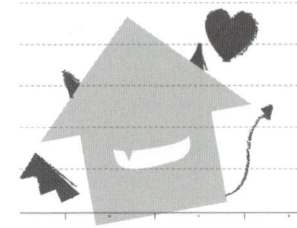

または

$ **dig** -x 125.6.176.32 でもOK！
　　　オプション　　IPアドレスを指定して逆引き

逆引きしてみました！

116

2-10 逆引きって何だろう？

すると，このように返ってきました。

```
;; ANSWER SECTION:
32.176.6.125.in-addr.arpa.  3600  IN  PTR  com2-3f-d26-23-…
```

- `32.176.6.125.in-addr.arpa.` → 125.6.176.32の逆引き用ドメイン
- `3600` → TTL
- 管理用ドメイン名（FQDN） → `com2-3f-d26-23-…`
- 125.6.176.32に対応するドメイン名（FQDN）

マメチシキ：なぜ↑がco-akuma.directorz.jpじゃないのかというと，1つのIPアドレスにつき複数のドメイン名（FQDN）をふることができるからです。

125.6.176.32の返事がco-akuma.directorz.jpではないようですね。なぜでしょう？

IPアドレスには対応するドメイン名を複数ふる（正引き）ことができます。しかし，IPアドレスの逆引きでは，ルール上1つしか設定できないため，正引きで振られたもののうち，1つを選ぶ必要があります。

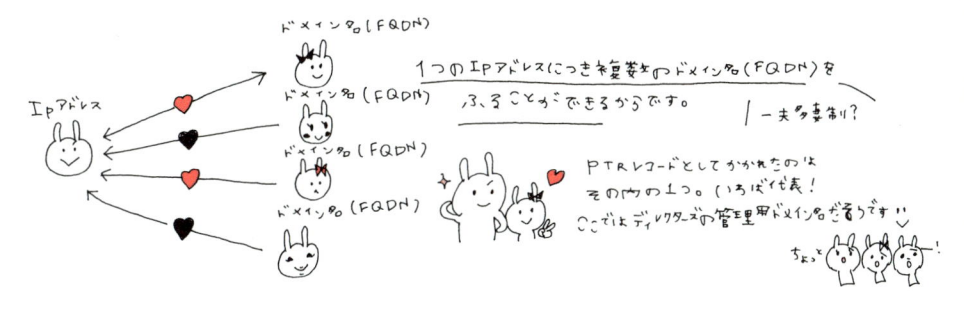

IPアドレス ← ドメイン名（FQDN）×複数

1つのIPアドレスにつき複数のドメイン（FQDN）をふることができるからです。一夫多妻制！？

PTRレコードとしてかかれたのはその内の1つ。いろいろ代表！ここはディレクターズの管理用ドメイン名だそうです！！ちょっと〜！

なので，ここに書かれたドメイン名はいわば代表ドメイン名のようなもので，ディレクターズで管理しやすいようふったドメイン名です。そのため，co-akuma.directorz.jpではなかったのです。

Chapter 2
DNS って何？

しかし，この逆引き，何のために必要なのでしょうか？

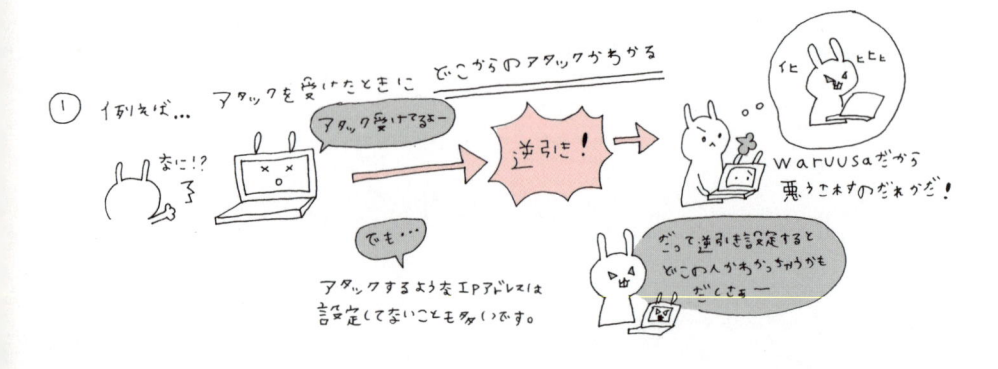

① 例えば… アタックを受けたときに どこからのアタックかわかる

逆引きは，たとえばアタックを受けた時に，どこのドメインから攻撃を受けているのかを調べることができるのでトラブル時の手助けになります（ただし，アタックするようなIPアドレスは設定してないことも多いです）。

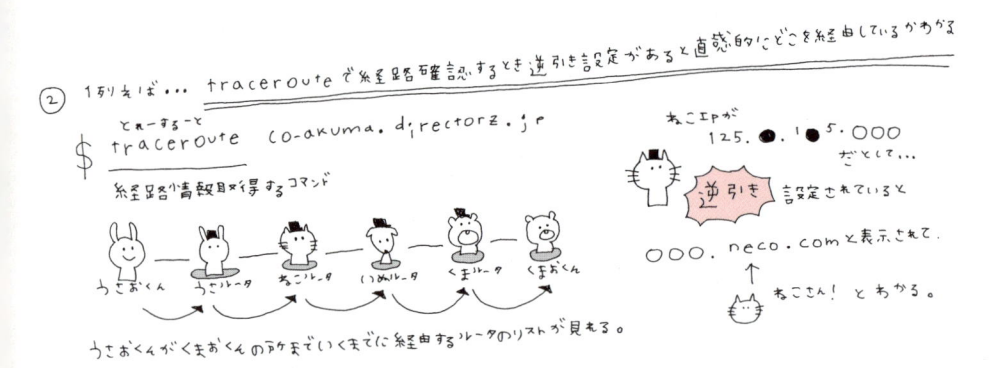

② 例えば… traceroute で経路確認するとき 逆引き設定があると直感的にどこを経由しているかわかる

`$ traceroute co-akuma.directorz.jp`
経路情報を取得するコマンド

うさおくんがくまおくんのアドレスでいくまでに経由するルータのリストが見える。

ねこIPが 125.●.1●5.○○○ だとして… 逆引き 設定されていると ○○○.neco.com と表示されて、ねこさん！ とわかる。

他にも，tracerouteコマンドで経路確認する時などに，逆引きの設定があると直感的にどこを経由しているかがわかります。

2-10 逆引きって何だろう？

③ たとえば… アプリケーションの中には逆引きの応答を待ってしまうアプリケーションがあります。

(例) ファイル転送のFTP
インターネットなどで無償公開された(オープンソース).データベース MySQL など

まだかな？ ウキ ウキ まだかな？
アプリケーション

アプリケーションはタイムアウトまで待ってしまうためよけいなパケットが流れてしまったり…

DNSって何？

また，アプリケーションの中には，逆引きの応答をタイムアウトまで待ってしまうアプリケーションも存在します（たとえば ftp や MySQL）。

逆引きの設定はあくまでも任意！　設定も自由にできますが，補助的な役割で利用されることが多いため設定しておくと良いことあるかも！

第3章 メールのこと

Chapter 3
メールのこと

3-1 メールはどうやって送られているのだろう？

普段当たり前のように使うメールがどのように届いてどのように送られているのか知っていますか？

相手のアドレス宛にメールを書いて送信すればすぐ届く！　メールってほんと便利ですよね。メールで送りあうようになったことで，手紙を書くという機会はほとんどなくなったと思います。
　文章を紙に書いて，住所を書いて，切手を貼って，郵便局に出して，しばらくして相手の郵便受けに届き，それを相手が取ってきて見る。

3-1 メールはどうやって送られているのだろう？

手紙で送ると間に郵便局をはさむからめんどくさい。けどその点、メールってすぐ届くしラクだなー！――なんて思うけど、メールのしくみは手紙のしくみとよく似ているのです！

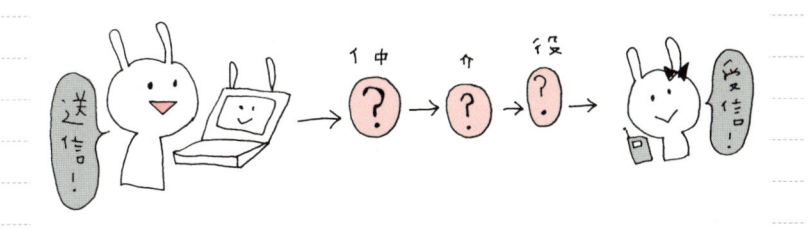

コンピュータ同士が電波でつながっていて、間に何もはさまずに届いてるように見えますがメールも郵便局のような仲介役の協力によって届いているのです。その仲介役をメールサーバと言います！

server とは仕える人、給仕人という意味の単語です。

メールのこと

Chapter 3 メールのこと

Server さーば
仕える人、給仕人
ネットワークでサービスを提供するコンピュータ

↕

ネットワークでサービスを要求、利用するコンピュータ
家でインターネットをする時使うパソコンはこれ

Client くらいあんと
依頼人、客

サーバとは，ネットワークでサービスを提供するコンピュータのこと。

そして，サービスを提供される側のコンピュータ，それをクライアントと言います。

私たちが普段インターネットをするとき使うパソコンなどがこのクライアントにあたります。メールにとってのメールサーバは手紙を届けるサービスをしてくれる郵便局のような存在なのです。

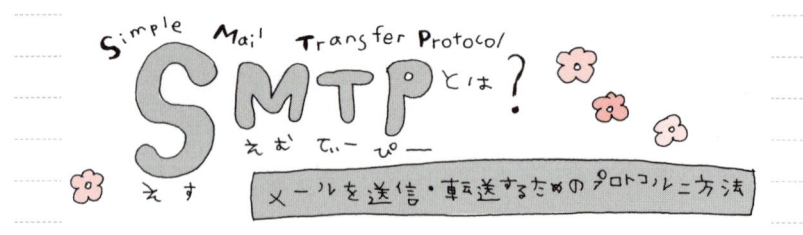

では，今回はメールを送信し，メールサーバに受け取ってもらうところまでのしくみを勉強しましょう！

Simple Mail Transfer Protocol SMTP とは？ えすえむてぃーぴー
メールを送信・転送するためのプロトコル＝方法

メールを送信・転送するためのプロトコルを SMTP（Simple Mail Transfer Protocol）と言い，SMTP に対応するメールサーバを SMTP サーバと呼びます。

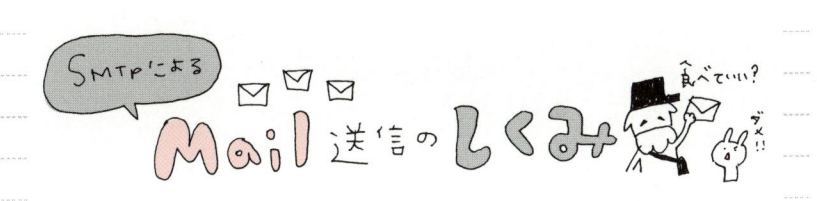

3-1 メールはどうやって送られているのだろう？

SMTPによる Mail 送信の しくみ

くまさんがうさおくんに手紙（メール）を送るようです。

メール送信

すると，くまさんの最寄りの郵便局であるメールサーバが手紙を受け取ります。

メールサーバが受けとる（くまさんの）

郵便物を届けるには宛先が必要ですね。メールでの宛先，それはメールアドレスです。
ではそのメールアドレスは，どのような形をしているのでしょうか？

メールのこと

125

Chapter 3
メールのこと

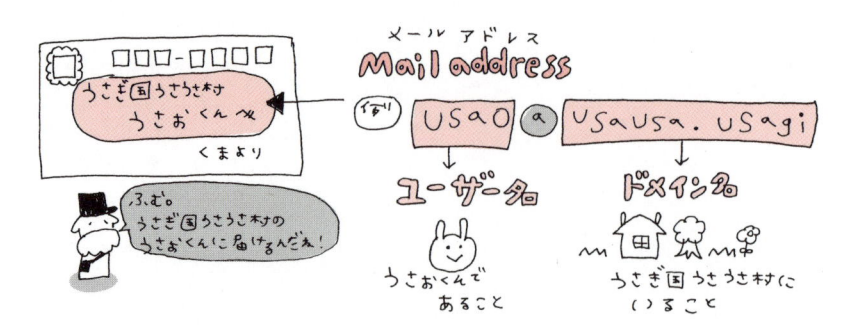

さて、ドメイン名はうさおくんがどこにいるのかを示していますが、ドメイン名だけわかっても通信はできません。

そのドメイン名を持つ人たちを担当してるメールサーバの名前と、そのメールサーバのIPアドレスを調べてコンピュータがわかるようにしてあげなきゃです。そこでDNSの出番です！

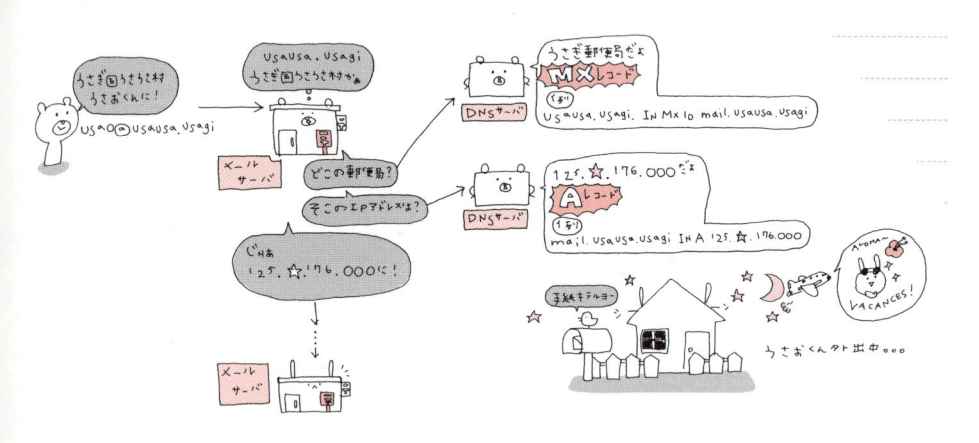

メールサーバはDNSサーバに「このドメイン名を持つ人たちを管理してるサーバは誰で、そのサーバのIPアドレスは何？」と尋ねます。

これは第2章のDNSで勉強したMXレコードとAレコードです！

こうしてうさおくんを担当しているメールサーバを調べて、そのメールサーバまで送られます。

3-1 メールはどうやって送られているのだろう？

届けられたメールサーバは，今度はメールアドレスのユーザー名を頼りにうさおくんの郵便受けに手紙を入れます。

ここまでが SMTP の役割。

ところで，もしうさおくんが外出していたらその時手紙は郵便受けに保管されますよね。

ここでの外出というのは，ネットワークで言うと，パソコンの電源が OFF になっていてインターネットにつながっていないことを指します。私たちは 24 時間パソコンをつけっぱなしにはしてませんよね。つまり外出している状態ってことです。

SMTP の役割は手紙を郵便受けに入れるところまでですから，手紙を保管してうさおくんが帰ってきたら手紙を取り出してくれるプロトコルが必要になります。

それが POP と IMAP です！

Chapter 3 メールのこと

3-2 それぞれのメールサーバ

SMTP サーバで有名なものに，sendmail, qmail, postfix があります。
それぞれどのような違いがあるのか調べてみました！

sendmail

sendmail の最大の特徴はできることの多さ！

ソフトとして歴史が長く，広く使われてきたため，考え得るほぼすべての機能が盛り込まれています。ただし，そうした機能の豊富さにより設定ファイルの記述が難しく，1 つのプログラムがすべての機能を実行する構成のためセキュリティの問題がよく出ます。

また，mbox 形式はユーザーごとに 1 つのファイルをつくっているので，問題が生じるとすべてのメール・メッセージに影響する可能性がある……など，問題点が増えてきているため，sendmail を参考にした新しいメールサーバが増えてきています。

qmail

sendmail を参考に，sendmail の悪いところの改善をめざして設計されました。

特徴はセキュリティの強固さと設計の独自性です。機能ごとに小さなプログラムに分け，それぞれが独立，協調して動作することでセキュリティが強固となっています。また，Maildir 形式という，メール・メッセージごとに 1 つのファイルにして保存する独自のメッセージ保存形式のため，mbox のような問題は起こりません。

しかし，独自色が強いことと，ライセンスに厳しい制限があるため sendmail から移行しづらいという難点があります。

postfix

3 つのうちでいちばん新しい STMP サーバのため，sendmail と qmail のよいところをとりいれつつ，運営管理が楽で，処理速度を上げ，セキュリティが強化され，Maildir 形式がとられています。

また，比較的ゆるやかなライセンスを採用しており，今注目されている STMP サーバです。

要するに……，

3-3 POP と IMAP の違い

まとめ！

Sendmail → 実績があり、機能が豊富
qmail → 独自色が強く、セキュリティが強固
postfix → 総合的にバランスがいい

メールのこと

3-3 POP と IMAP の違い

Internet Message Access Protocol
IMAP (あいまっぷ)
と
Post Office Protocol
POP (ぽっぷ)
とは？

メールを受信するためのプロトコル＝方法

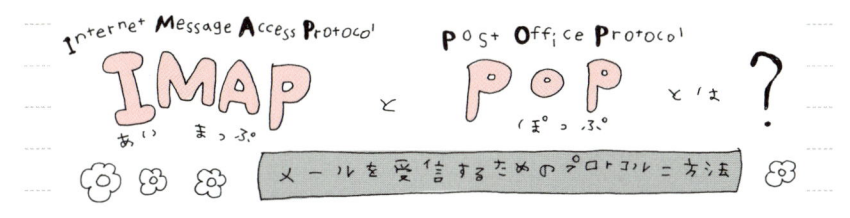

POP と IMAP とはメール受信のためのプロトコル。つまり、メールを受け取る方法です。POP と IMAP の受け取り方の違い見てみましょう！

うさおくんの 1人ぐらしものがたり

大学生になったうさおくんは念願の一人暮らしを始めました。
だけどうさおくんは住所変更がめんどくさくてそのままにしているので手紙は実家に届きます。

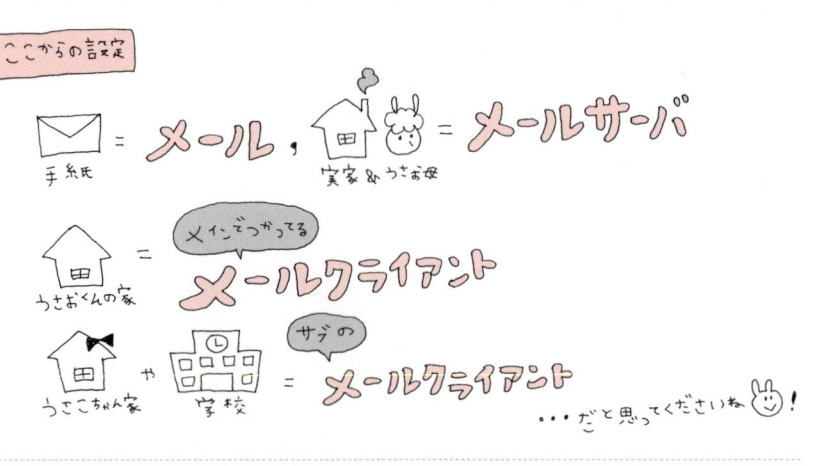

Chapter 3 メールのこと

ここからの設定

手紙 = メール, 実家&うさお母 = メールサーバ

うさおくんの家 = メインでつかってる メールクライアント

うさこちゃん家 や 学校 = サブの メールクライアント

…だと思ってくださいね！

ここで POP と IMAP の登場です！　さぁ手紙を受け取りましょう！

POP のばあい

ただいまぁー

POP の場合，うさおくんは実家（メールサーバ）に帰ります。

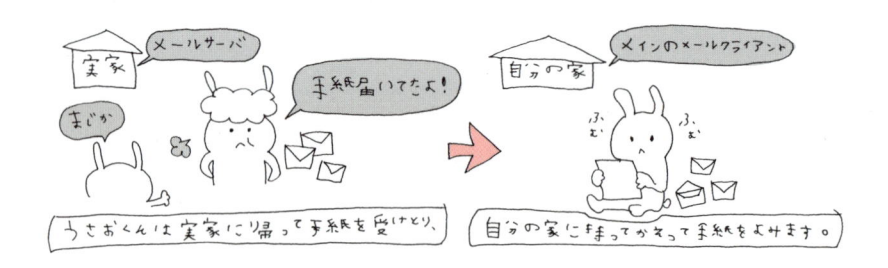

実家 メールサーバ　手紙届いてたよ！　まじか
自分の家 メインのメールクライアント　ふむ ふむ

うさおくんは実家に帰って手紙を受けとり，自分の家にもってかえって手紙をよみます。

実家（メールサーバ）で手紙を受け取ったうさおくんは自分の家（メインのメールクライアント）に帰って手紙を読みます。

3-3 POPとIMAPの違い

POPでは，手紙を実家から持って帰ってしまうため，家や，学校や彼女のお家（サブのメールクライアント）など読んだところに置いてきてしまうので手紙がバラバラになりますが，コピーを実家に残しておくこともできます。

IMAPの場合，うさおくんは実家の母（メールサーバ）に電話します。

Chapter 3 メールのこと

すると母は手紙の概要をうさおくんに伝えてくれるので，必要な手紙だけファックスでコピーして送ってもらいます。

うさお母はうさおくんが手紙を送って読ませたかどうかも覚えていてくれます。

手紙は実家に残っているので，家や，学校やうさこちゃんの家など，うさおくんがどこにいても手紙をコピーして送ってもらえます。

3-3 POPとIMAPの違い

　IMAPでは手紙を実家に置いておくので手紙があふれると母が怒るため（＝メールサーバ側のメールボックスの容量オーバー），家に持って帰ることもできます。しかしその場合，実家には手紙がなくなるので持って帰った場所でしか読むことができなくなります。

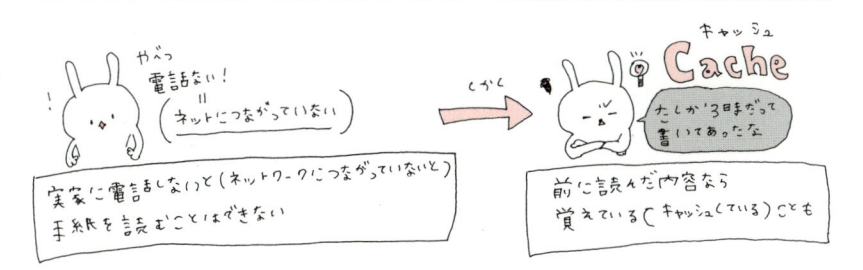

　IMAPでは実家に手紙が保管されているので電話をしないと（ネットワークを通さないと）手紙を送ってもらえないので読むことができません。ただ，前に読んだ内容ならば，うさおくんが覚えている（キャッシュしている）場合もあります。

ではtelnetでpopの動きを見てみましょう！

```
$ telnet [メールサーバ名] 110
```

とターミナルに入力します。

```
$ telnet mail.ususa.usagi 110

Trying 125.6.176.12…
Connected to mail.ususa.usagi.
Escape character is '^]'.
+OK dovecot ready.
```

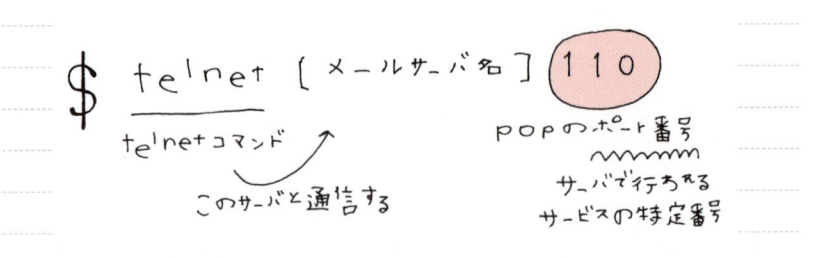

Chapter 3 メールのこと

$ <u>telnet</u> [メールサーバ名] **110**

telnetコマンド → このサーバと通信する

popのポート番号 サーバで行われるサービスの特定番号

user [ユーザー名] と入れると, +OK と返ってくるので, pass [パスワード] を入れ, また +OK と返ってきます。

```
user usako
+OK
pass usakochan
+OK Logged in.
```

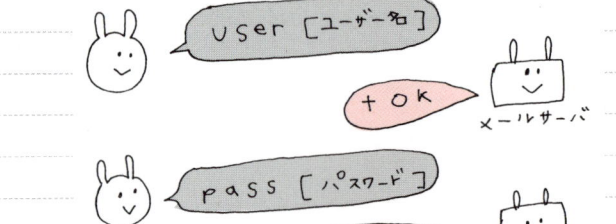

user [ユーザー名]
+OK
メールサーバ

pass [パスワード]
+OK

そのあと,

```
list
```

と入れると, メールのリストが返ってくるので,

```
retr [リスト番号]
```

と入れると, メールの中身が見られます！

3-3 POPとIMAPの違い

メールのこと

```
list
+OK 6797 messages:

1 5305
2 1552
3 3749
:
:
6797 1274
.

retr 6797
+OK 1274 octets

Return-Path: <kumao@kumakuma.kuma>
X-Original-To: usako@usausa.usagi
Delivered-To: usako@usausa.usagi
Received: from [192.168.11.49] (113×32x183×210.ap113.ftth.ucom.
ne.jp [113.32.183.210])
 by mail.usausa.usagi (Postfix) with ESMTP id D1FB1B70265
 for <usako@usausa.usagi>; Fri, 15 Oct 2010 15:17:26 +0900 (JST)
Date: Fri, 15 Oct 2010 15:17:22 +0900
From: Kumao<kumao@kumakuma.kuma>
To: usako@usausa.usagi
Subject: =?ISO-2022-JP?B?GyRCTEBGfCEhRVpNS0Z8GyhC?=
Message-Id: <20101015151722.9BD0.CA69538C@usausa.usagi>
MIME-Version: 1.0
Content-Type: text/plain; charset="ISO-2022-JP"
Content-Transfer-Encoding: 7bit
X-Mailer: Becky! ver. 2.55 [ja]

くまおだよ

くまくまくーまおつかれさん！
```

Chapter 3 メールのこと

list

+OK 3 messages:
1 5305
2 1552
3 3749

コレをよむ

メールの大きさ

retrieveの略
取り戻す、引き出す

retr 1

+OK 5305 octets
︙
(メール内容)

また、dele [リスト番号] と入れるとそのメールが消せます。

```
dele 6797
+OK Marked to be deleted.

dele 6797+OK Marked to be deleted.
```

dele 1

deleteの略
削除

+OK Marked to be deleted

　この動きをメールクライアント（Outlook 等）がやってくれているので pop 語をしゃべれなくても私たちはメールを読むことができるのです。

3-4 SMTP-AUTH ものがたり

送信者から手紙を受け取り，受信者を担当しているサーバまで手紙を送信してくれる，郵便局のような役割をするサーバをメールサーバと言いましたよね！！

SMTPとは，メールを送信・転送するためのプロトコルです。SMTPに対応するメールサーバをSMTPサーバと言います。

そのSMTPのしくみに，ユーザーアカウントとパスワードによる認証のしくみを足したものをSMTP-AUTHと言います。

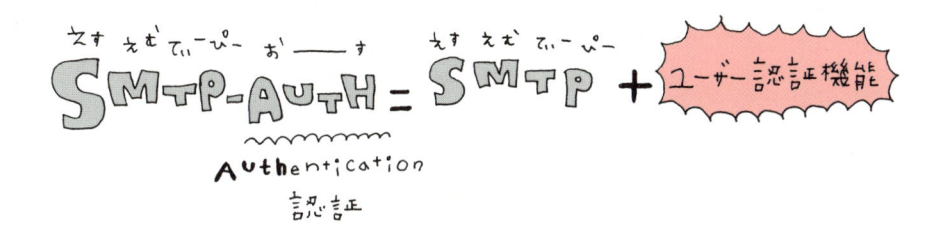

SMTP-AUTH ＝ SMTP ＋ ユーザー認証機能
Authentication
認証

では，そのSMTP-AUTHはなぜつくられたのでしょうか？
今日はその理由を勉強してみましょう！

Chapter 3
メールのこと

SMTP_AUTH 物語

今日ももうさおくんはくまさんに手紙（メール）を送るために，郵便局（SMTPサーバ）に手紙を渡しに行きます。

うさおくんの村のうさうさ村郵便局で働く白やぎさんは今日も送られてきた手紙（メール）を届けるため働いています。

郵便局（SMTPサーバ）では，いろんな人が利用するため誰からでも手紙（メール）を受け付けます。

白やぎさんはみんなの手紙を送ることが幸せ……と考えていたのですがそんな白やぎさんの気持ちをもてあそぶ輩，それはわるうさ村の悪うささん！

3-4 SMTP-AUTH ものがたり

メールのこと

なんと彼は白やぎさんに悪い手紙を届けてもらうことを考えたのです！！！

何も知らない白やぎさんの郵便局（SMTPサーバ）は悪いメールも送ってしまいます。

悪ウサギさんは1人，2人，3人……と増え被害が拡大！

Chapter 3
メールのこと

　事態を知った白やぎさんは悩み，送る人はどの村の人でもいいけど，受取人はうさうさ村の住人（自分の担当しているドメイン）以外のメールは受け付けない（つまり，ほかの郵便局に中継しない）ことにしてはどうか？――と考えました。

　しかし，その方法では，うさおくんはくまさんに手紙を送るためには，くま村の郵便局に自分で手紙をもっていく必要があり，とても手間がかかります。

　そのため，今度は，受取人はどの村の人でもいいけど，送る人がうさうさ村の住人である（IPアドレスによって）確認できる人に限定してSMTP中継することにしました。

3-4 SMTP-AUTH ものがたり

> うさおくんはうさうさ村から出て山に行った（＝IPアドレスが変わった）
> 村の中にいないから村の住人ではないと考えられてしまうのです

この方法だと，うさおくんがうさうさ村を出て山にしばらくこもることにしたので，伝書鳩を使ってくまさん宛の手紙を送ろうとうさうさ村郵便局に手紙の中継を頼もうとしても（たとえば，外出先でモバイルパソコンからのメール送信）手紙は届けてもらえなくなります。うさうさ村にいない（IPアドレスが違うものになる）からです。

POP before SMTP
メール送信（SMTP）の前にPOPによる認証!!

そこで考えられたのが POP before SMTP という方法でした。

> POPサーバにアクセスし、ユーザー認証を行う

> POPのユーザー認証は必ず行われます。メールを勝手に読まれたら困るからです。

メールのこと

Chapter 3
メールのこと

　手紙を送りたい人はまず自分の郵便受けを開きます（POPサーバにアクセスする）。郵便受け（POPサーバ）を開けるには本人であることを証明することが必要なのです。勝手に開けて手紙を読まれてしまっては困りますからね。

　白やぎさんは，郵便受けを開けられる者こそ真の住人（！）と考えることにしたので，郵便受けを開けた家の住人の手紙は一定時間送りますってことにしたのです。これがPOP before SMTPです。

　ところが，その時間内に引っ越しがあり，新しい住人が引っ越してきたらどうでしょう？

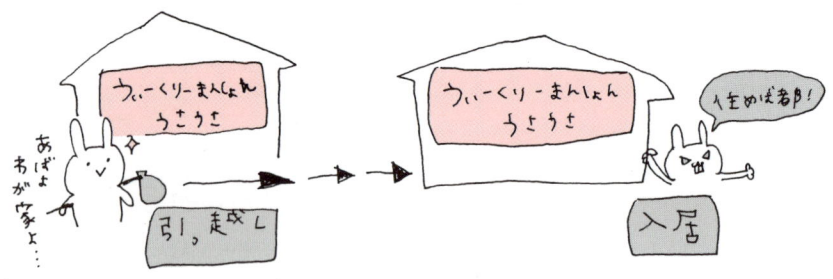

　ウィークリーマンションなのです。短時間その家に入居（そのIPを使う）場合の話なので。

　引っ越してきた人がもし悪うささんだとしたら，その期間はその家の住民なら手紙を送るとしてしまっているので白やぎさんは悪うささんの手紙も送ってしまうことになるのです！

3-4 SMTP-AUTH ものがたり

今あるしくみを使ってなんとかしようとしてきた白やぎさんですが，今度ばかりは新しいしくみを導入しなければしょうがない！——と思った白やぎさんは郵便局を拡張して身分確認制度を導入することにしました。

これが SMTP-AUTH です！

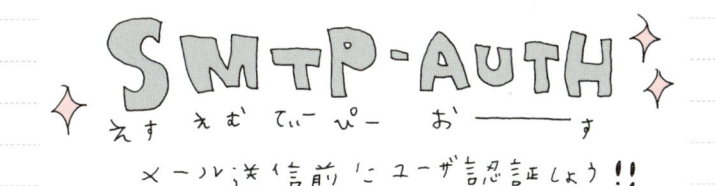

SMTP-AUTH
えす えむ てぃーぴー おー す

メール送信前にユーザ認証しよう!!

こうしてうさうさ村と白やぎさんは無事，平和を取り戻したのでした。

No. Chapter 3
Date メールのこと

3-5 メール課 587 ポート物語

メール課 587ポート物語

庶務ウサニ課のみなさま

↑ウサ井ウ夏

　前回，郵便局（メールサーバ）による身分証確認（ユーザー認証）によって平和を取り戻したうさうさ村の住民たちと白やぎさんのうさうさ村郵便局。くまさんのもとにも悪い手紙は届かなくなって平和を取り戻したはずでした……。

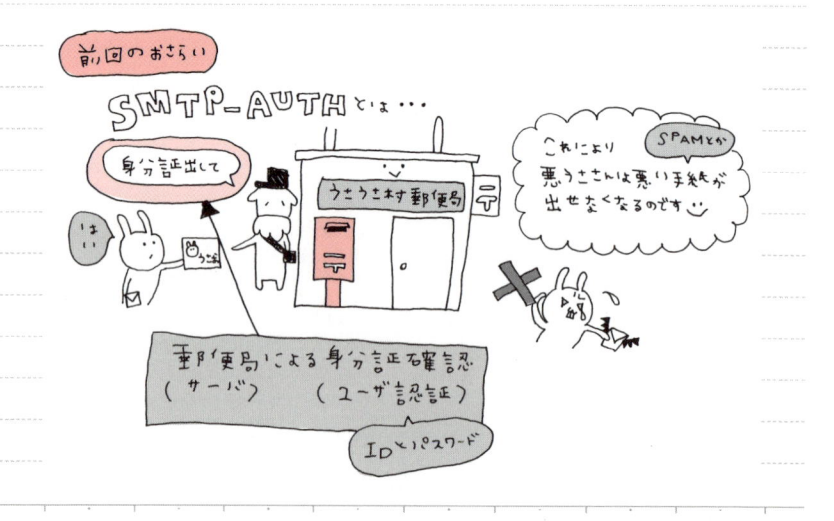

3-5 メール課 587ポート物語

ところがある日のこと……再びくまさんのもとに不吉な手紙が届くようになったのです！

一体悪うさは手紙を誰に運ばせているのか？ 原因を調査すべく名探偵ウサロックウサーズが立ち上がりました！

どうやら手紙の配達人は，最近村に新しくできた小さな郵便局，黒やぎ郵便局のよう。
さっそくウサーズは相棒のウサソン君とともに黒やぎ郵便局を訪れることにしました。

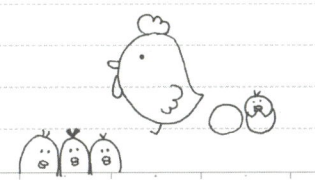

No.	**Chapter 3**
Date	メールのこと

　黒やぎ郵便局メール送信課 25 ポートの黒やぎさんは怠け者。
　めんどくさがりの黒やぎさんが身分証を確認していなかったため，悪うささんたちの集まる郵便局になってしまっていたことがこの事件の原因だったのです！

　原因を知ったウサーズは考えました。怠け者の黒やぎさんは，なかなか状況を変えようとしてくれない……ならばどうすればいいのか？

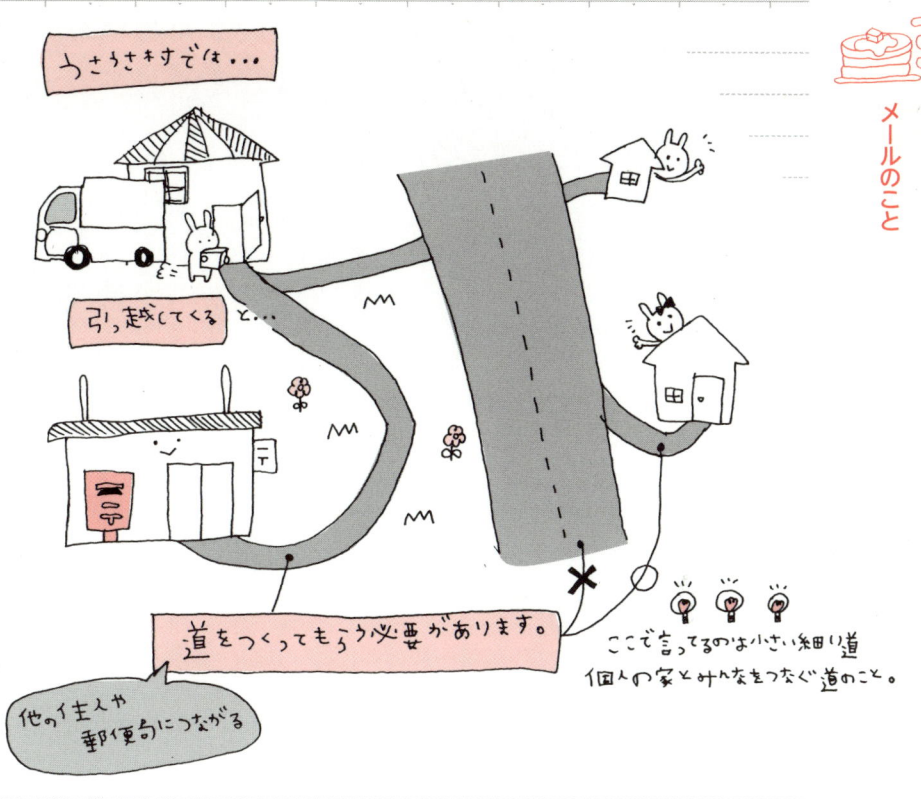

3-5 メール課 587ポート物語

メールのこと

うさうさ村では…

引っ越してくると

道をつくってもらう必要があります。

他の住人や郵便局につながる

ここで言ってるのは小さい細い道
個人の家とみんなをつなぐ道のこと。

　うさうさ村では，村に引っ越してくると，住民の家に郵便局や他の住民とつながる道をつくってもらうことになっています。

この道をつくっているのが　インターネット接続業者

プロバイダ
Internet Service Provider (ISP)

たとえば nifty とか so-net、OCN とか

はなこ　こじま

この道がないと、家（コンピュータ）があってもみんなに会えないし手紙も送れない（インターネットにつながっていない）のです。

Chapter 3 メールのこと

　この道はとても大事なもので，この道がないと郵便局に行くことも，他の村人に会いにいくこともできないのです。

　ウサーズは，この道をつくっている道路建設会社（プロバイダー）と協力して，それぞれの会社の郵便局以外の他の郵便局にはつながないようにしてはどうか？——と考えました。大きな郵便局なら身分証を確認することを怠らないだろうと考えたからです。
　しかし，この案に反対を唱える住民たちがいました。

3-5 メール課 587ポート物語

彼らは，道はつくってもらっても，それぞれ自分の手紙を届けてくれる白やぎさんを雇っている（サーバを持っている）人々でした。

ウサーズは悩み，出した答えは自分の村以外の送信課25ポートにつながる道はすべてふさぎ，新たにメール送信課587ポートへつながる道を用意しました。

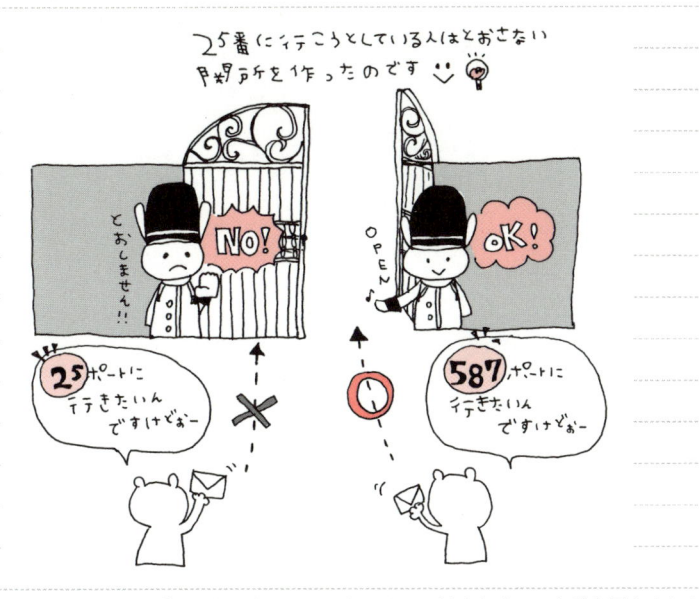

新しいメール送信課587ポートをつくるにはセキュリティ対応をすることが必要とされました（強制ではないけれど）。

ここでセキュリティ対応としてウサーズがお勧めしていたのがSMTP-AUTHなのです。

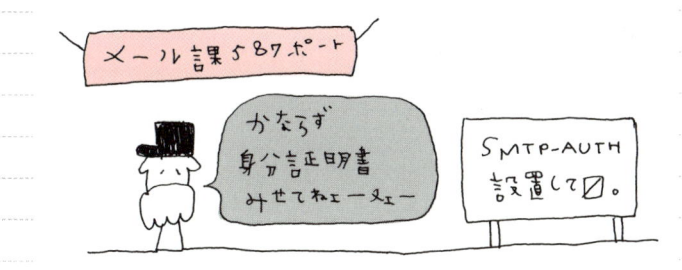

こうして，うさうさ村は再び平和を取り戻したのでした。

Chapter 3 メールのこと

3-6 メールヘッダーとエンベロープの役割

headerとenvelopeとは？
（へっだー）（えんべろーぷ）

前回くまさんがうさおくんに送った手紙をこっそり見てしまいましょう。

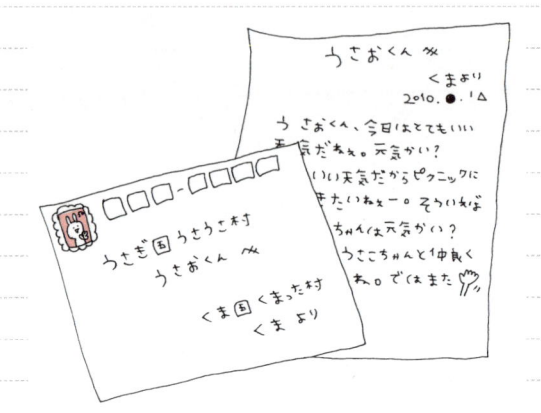

くまさんの手紙の封筒を見ると、うさおくんの住所と名前、それから、くまさん自身の住所と名前が書かれていますね。この封筒をエンベロープと言います。

envelope（えんべろーぷ）とは

封筒。
手紙を送る時、封筒にかかれた「住所と名前」をもとに送られるように、メール送信の際宛先として使われる部分。

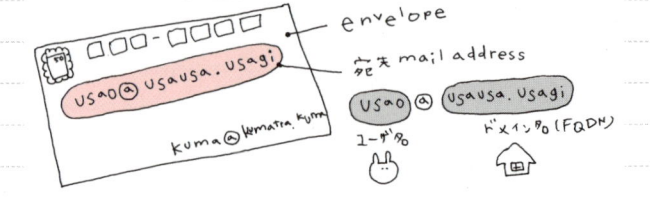

- envelope
- 宛先 mail address
- usao @ usausa.usagi
- ユーザ名　ドメイン名 (FQDN)

3-6 メールヘッダーとエンベロープの役割

envelope とは封筒という意味の英単語です。

手紙で，宛先として見るのが封筒に書かれた住所と名前であるように，メールで宛先となるのが，エンベロープに書かれたメールアドレスです。

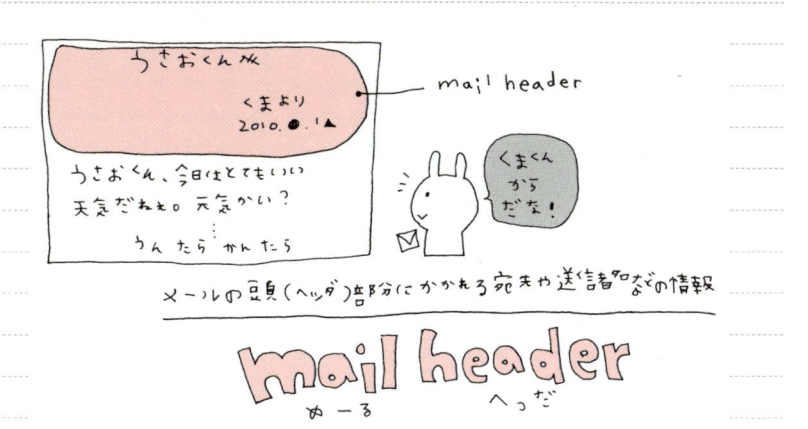

メールの冒頭（ヘッダ）部分にかかれる宛先や送信者などの情報

mail header
めーる　へっだ

次に，手紙の内容を見てみましょう。

手紙の１番上には，うさおくんへ　くまより　2010年●月１△日と書いてありますね。この部分のことをメールヘッダーと言います。うさおくんが手紙を読む時，「僕宛でくまくんからだ」と見るのはここですよね。

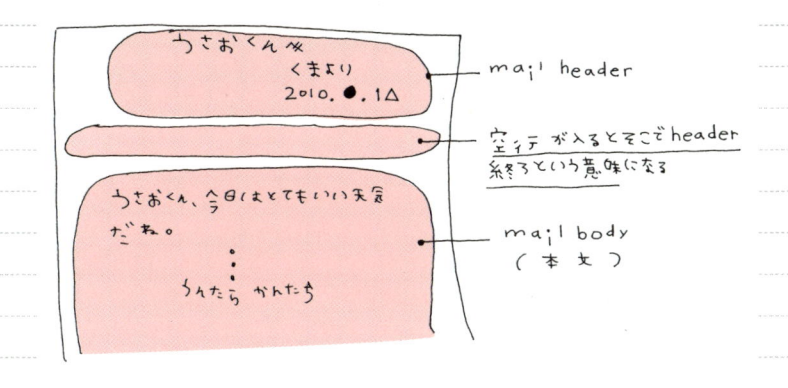

メールヘッダーの下に書かれる本文のことをメールボディと言います。

間に空欄の行がはさまることで，メールヘッダーとメールボディを分けています。

メールのこと

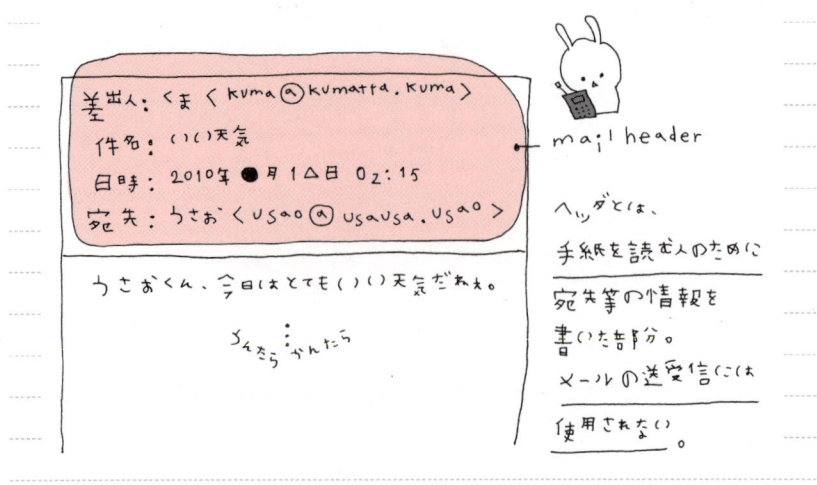

Chapter 3 メールのこと

```
差出人: くま <kuma@kumatta.kuma>
件名: いい天気
日時: 2010年●月1△日 0₂:15
宛先: うさお <usao@usausa.usao>
```
→ mail header

ヘッダとは、手紙を読む人のための宛先等の情報を書いた部分。メールの送受信には使用されない。

うさおくん、今日はとてもいい天気だねぇ。

ちんたら…かんたら

メールでも差出人, 件名, 日時, 宛先などが本文の上に書いてありますが, この部分がヘッダーです。つまりヘッダーは手紙を読む人のための記録用として使用される部分です。

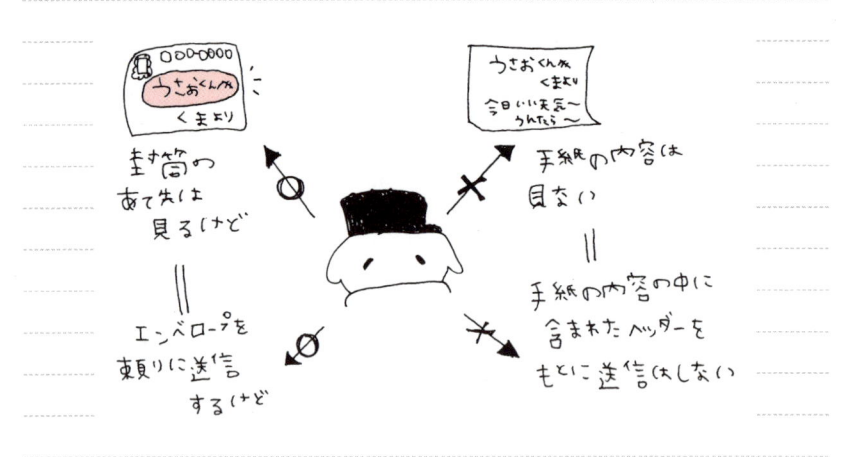

- 封筒のあて先は見るけど = エンベロープを頼りに送信するけど
- 手紙の内容は見ない = 手紙の内容の中に含まれたヘッダーをもとに送信はしない

手紙でも郵便やぎさんは手紙を読むことがないように, メールでも送信されるときヘッダーを確認することはありません。

そのため, エンベロープさえ正しく書かれていれば, ヘッダーは何と書かれていてもOKで, エンベロープとヘッダーが同じである必要はありません。

3-6 メールヘッダーとエンベロープの役割

封筒のあて先(envelope)がちゃんとしているなら → 中身は…

header は何と書かれていてもメールは届く。

ちょっとここでお豆な話。

お豆ばなし：メールアドレスで使ってはいけないもの

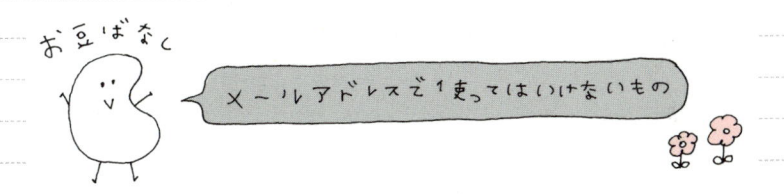

最近 iphone で友達の携帯にメールを送ろうとすると、「宛先メールアドレスが無効だから送信できない」と言われることがあって（でも送信できるんですけど）、なんでなんだろう？、と思っていたので調べてみました。

ちなみにそのメールアドレス、こんな感じ。

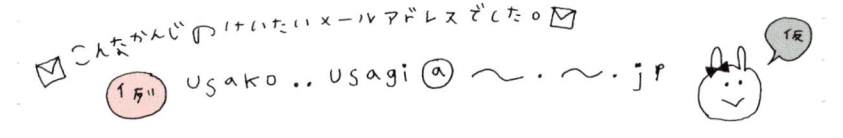

こんなかんじ のけいたいメールアドレスでした。
(例) usako..usagi@〜.〜.jp (仮)

インターネットのルールを定めているものに RFC というものがあります。

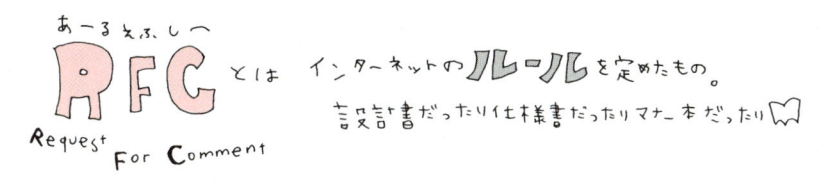

RFC（あーるえふしー／Request For Comment）とは インターネットのルールを定めたもの。設計書だったり仕様書だったりマナー本だったり

メールのこと

Chapter 3 メールのこと

　インターネットは中心のないネットワークですから、ルールであるRFCにも中心の作者はおらず、いろんな人がいろいろ書いて、最善のものだけが自然に残っているという形でつくられています。

　そのRFCの2822　Internet Message Formatにメールアドレスについてのルールが書いてあります。

　そのRFCによるとどうやらusako..usagi@～.～.jpに使ってはいけないものが含まれているらしいのです！

　それはここです！

　このRFCにはいろんな解釈がありますが、どうやら「.」(ドット)の連続はダメなんだそう。だけどRFCはあくまでルールであって破って使うことだってできてしまうため、それが含まれたメールアドレスを使えて、メールの送受信ができてたのですが、このように無効と考えられてしまうなどの問題が起きてしまっていたようですね。

　実際、私もRFCを読んでみようとしたのですが難しい！　これならムリないかも……と思ってしまいますが、少しずつ、「RFCに沿ったアドレスを使おう！」となっているようで、携帯会社のメールアドレス（たとえばNTT DoCoMoは2009年からドットの連続が入ったメールアドレスの取得を禁止しています）もRFCに沿ったものになりつつあるようです。

3-7 telnet で SMTP とお話してみよう！

ターミナルを開いて，telnet を使って SMTP サーバとお話してみよう！

まず，

```
$ telnet [メールサーバ名] 25
```

と入れます。

```
$ telnet mail.kumatta.kuma 25

Trying 125.○○○.176.△…
Connected to mail.kumatta.kuma.
Escape character is '^]'.
220 mail.kumatta.kuma ESMTP Postfix
```

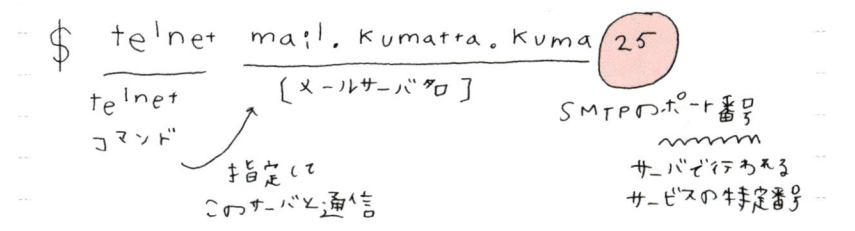

次に，helo [ドメイン名] と入れます。すると，250 [メールサーバ名] と返ってきます。

```
helo kumatta.kuma
250 mail.kumatta.kuma
```

Chapter 3
メールのこと

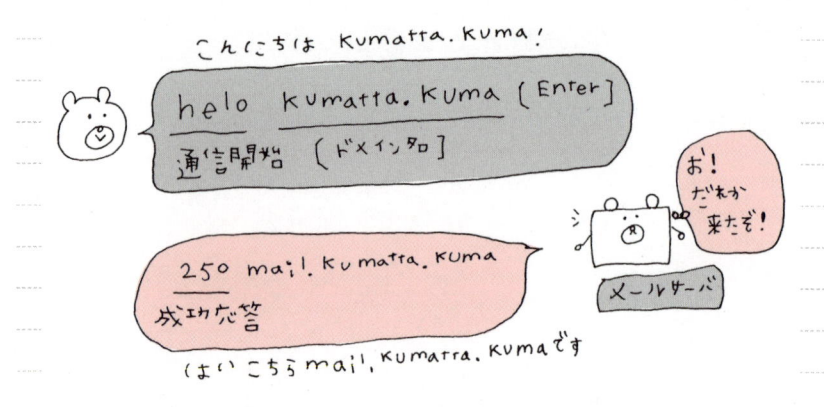

次に、mail from: と rcpt to: でメールの送信者受信者を入れます。
この部分が前回勉強したエンベロープの部分です。

```
mail from:kuma@kumatta.kuma
250 Ok
rcpt to:usao@usausa.usagi
250 Ok
```

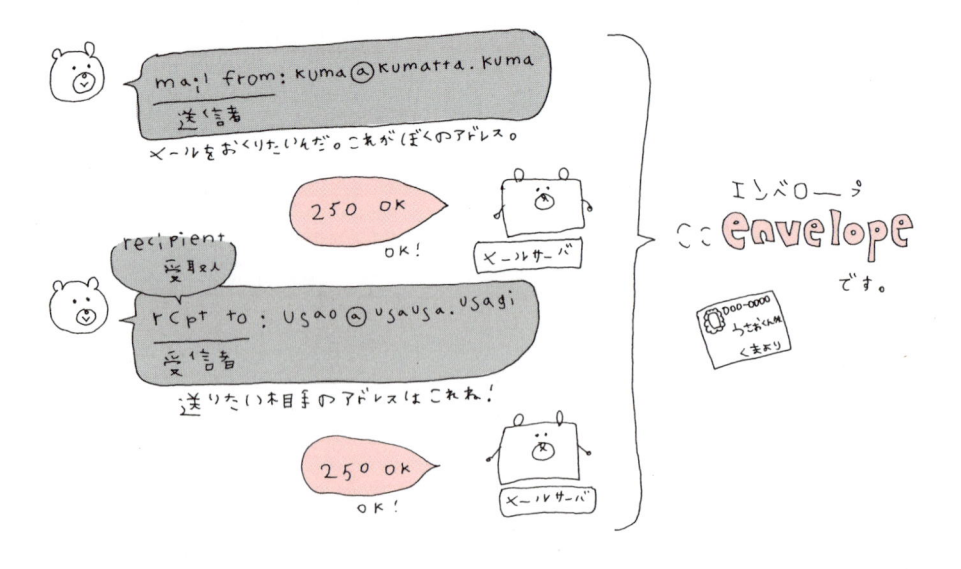

3-7 telnet で SMTP とお話してみよう！

dataと入れて，354 End data with <CR><LF>.<CR><LF> と返ってくれば，本文入力スタートです。

```
data
354 End data with <CR><LF>.<CR><LF>
```

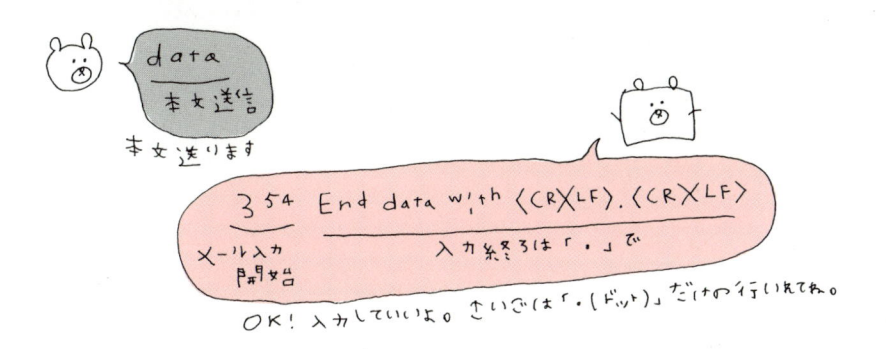

次に入れるのは前回勉強したメールヘッダーとメールの内容であるメールボディです。メールヘッダーはメールの送受信に関係しないため，何と入れても送受信には影響しません。
くまさんがうさおくんにいたずらをしたようです。

```
from:usako@usausa.usagi
to:usao@usausa.usagi

kirai!
.
```

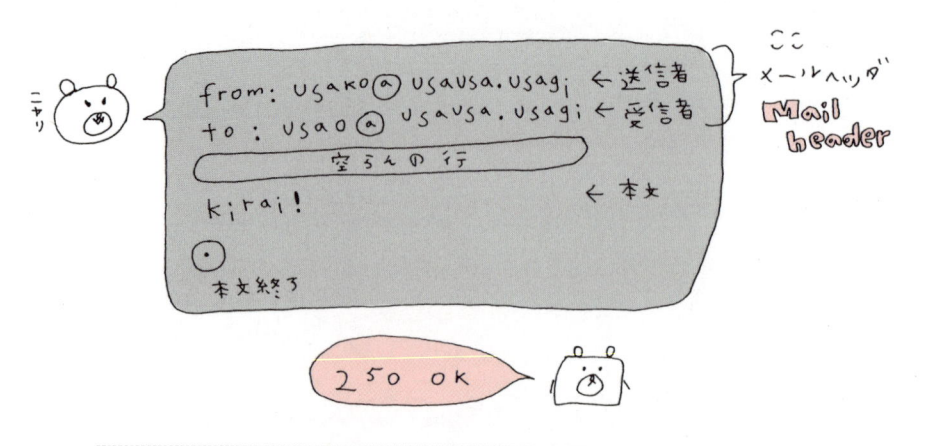

Chapter 3 メールのこと

```
from: usako@usausa.usagi  ←送信者     ┐ メールヘッダ
to:   usao@usausa.usagi   ←受信者     │ Mail header
―――――――――――――――――――
      空らんの行
kirai!                    ←本文
・
←本文終了
```

250 OK

実際に見てみるとこんな感じ。

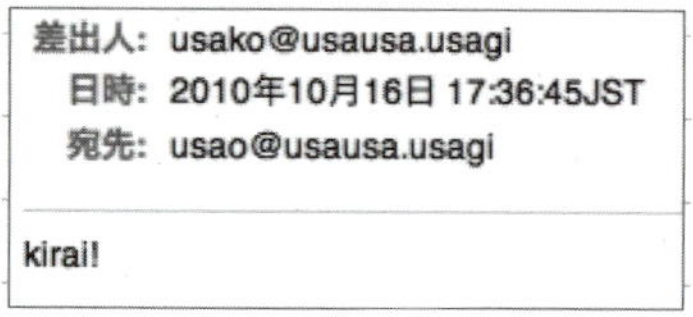

差出人:	usako@usausa.usagi
日時:	2010年10月16日 17:36:45JST
宛先:	usao@usausa.usagi

kirai!

くまさんから送られてるはずなのに，うさこちゃんからになってますね。

これで，メールヘッダーとエンベロープが一致しなくてもエンベロープが正しければ届くことがわかりますね。

また，くまさんがこのように入れたらどうなるでしょう？

3-7 telnet で SMTP とお話してみよう！

```
from:kuma@kumatta.kuma

to:usao@usausa.usagi
hello
.
```

（吹き出し）
from: kuma @ kumatta.kuma
　　空らんの行
to: usao @ usausa.usagi
hello!
.

250 OK

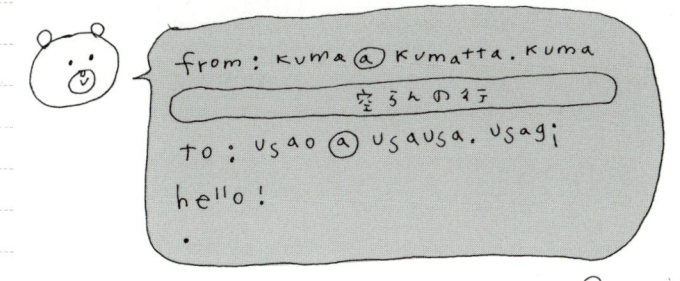

正解はこうなります。

```
差出人: kuma@kumatta.kuma
日時: 2010年10月16日 16:59:48JST
宛先: undisclosed-recipients:;

to:usao@usausa.usagi
subjet:test
hello
```

宛先が未設定になっていますね。

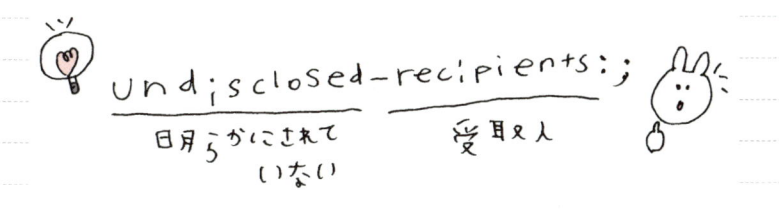

undisclosed-recipients:;
明らかにされていない　　受取人

メールのこと

Chapter 3 メールのこと

　メールヘッダーとメールボディは空の行をはさむことで分けられます。そのため，to:〜以降も本文であるように扱われてしまうのです。

まとめ！

Mail header：メールを読む人のため宛先などの情報が見れるように書かれる
envelope：実際にメールを送受信するために使われる。

　このように，メールヘッダーとエンベロープの役割は異なっています。
　ですが，実際にメールを打つ時は宛先を入れるのは1つの欄で，あとの作業はメールのソフトウェアであるメーラーがやってくれちゃう。だから2つの違いがわからないって人が多いのでしょうね。

第4章
World wide web のこと

Chapter 4
World Wide Web のこと

4-1 Web サーバと Web ブラウザ

小悪魔ブログのようなインターネットで公開されているページをみるためのサービスを WWW (World Wide Web) と言います。

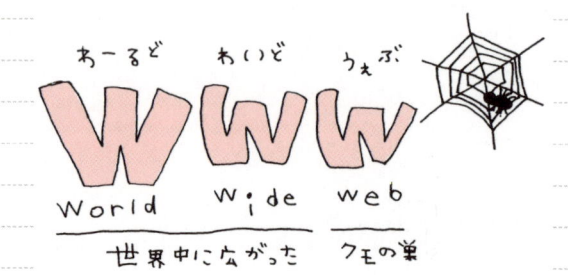

WWW
- World — 世界中に広がった
- Wide
- web — クモの巣

小悪魔ブログのようなインターネットで公開されているページは，HTML という言語によって書かれています。

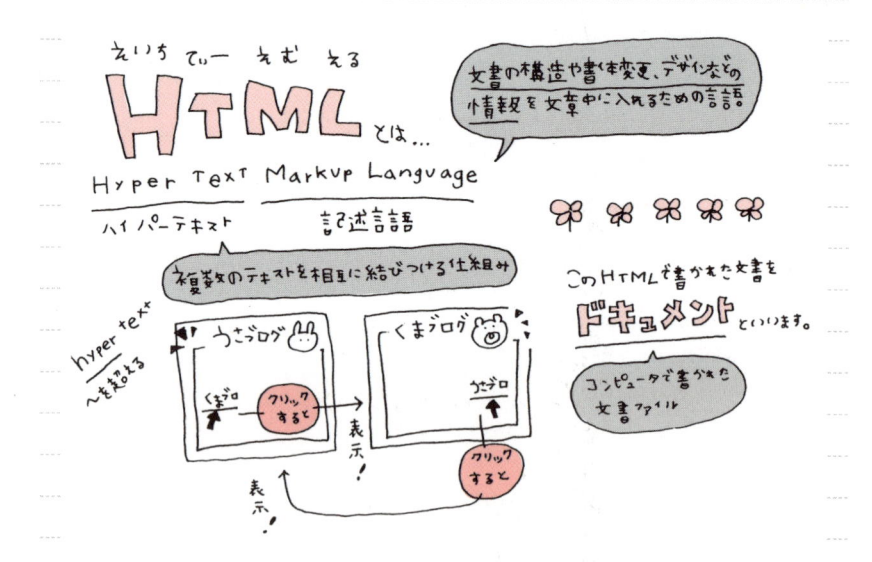

HTML とは... Hyper Text Markup Language
- ハイパーテキスト
- 記述言語

文書の構造や書体変更、デザインなどの情報を文章中に入れるための言語

hyper text 〜を超える
複数のテキストを相互に結びつける仕組み

この HTML で書かれた文書を**ドキュメント**といいます。
コンピュータで書かれた文書ファイル

4-1 WebサーバとWebブラウザ

このHTMLで書かれた文書をドキュメントと言い，このドキュメントを公開しているのがWebサーバです。

Webserver

うぇぶ さぁーばー

あたくしWebページを公開しております。

お客さまのご注文の品はこちらのwebページとなっております。

Webサーバの中でも有名なのが，ApacheとIISです。

有名なWeb Server

Apacheでございます

IISでございます

Apacheは現在世界中で最も利用されているWEBサーバで，netcraft社[※]によると，2010年時点で57.12%のシェアを持っています。

※ http://news.netcraft.com/archives/category/web-server-survey/

World Wide Webのこと

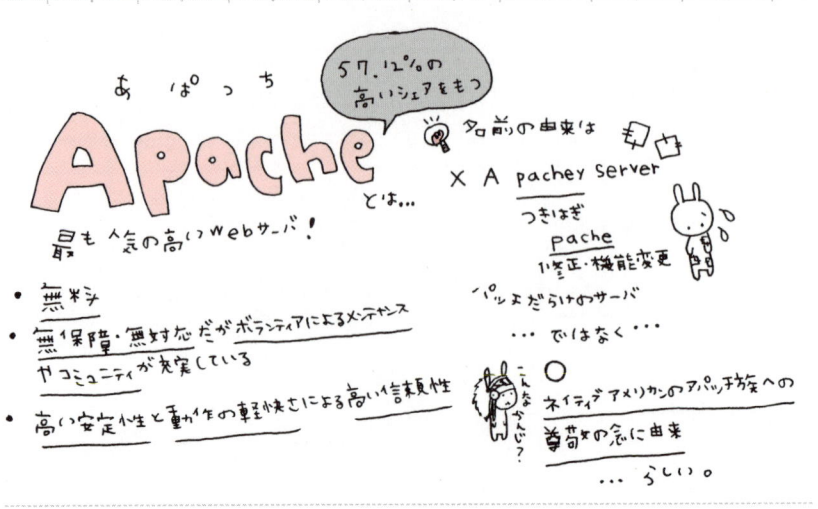

Chapter 4
World Wide Web のこと

Apache とは…

57.12%の高いシェアをもつ 最も人気の高いwebサーバ！

名前の由来は
× A pachey server
つぎはぎ pache 修正・機能変更
パッチだらけのサーバ
…ではなく…
○ ネイティブアメリカンのアパッチ族への尊敬の念に由来
…らしい。

- 無料
- 無保障・無対応だがボランティアによるメンテナンスやコミュニティが充実している
- 高い安定性と動作の軽快さによる高い信頼性

　Apache は無料で使われているソフトウェアで，無保証・無ユーザー対応ですが，ボランティアによるメンテナンスや対応が早く，多くのノウハウを持つ人の集まるコミュニティなどがあり，高い安定性と動作の軽快さ，豊富な機能から高い信頼性があります。

IIS とは…

Apacheの次に多い 24.11%のシェア

internet information service

Microsoftが提供しているwindows用webサーバ

　IIS（Internet Information Service）とは，Microsoft 社が提供している Windows 用の Web サーバです。
　Apache に次いで 2 番目に高いシェアを持っていて，2010 年時点では 24.11% となっています。

4-1 Web サーバと Web ブラウザ

第3章でも説明したように，サーバとは，ネットワークでクライアントの要求に応えてサービスを提供してくれるコンピュータのことを言います。

Web サーバにサービスを要求するクライアントを Web ブラウザと言います。

Web ブラウザの主なものとして，IE, Firefox, chrome, safari, opera などがあります。

Net Application 社※ による 2010 年 6 月時点でのブラウザシェアの報告によると，IE が最も高い 60.32% を占めています。

※ http://www.netapplications.com/

Chapter 4
World Wide Webのこと

- 2010年からMac, Linux版も
- Windows XP/Vista対応
- 無料
- google社のWebブラウザ

google chrome
ぐーぐるくろーむ

- 2007年からwindows版も
- Macの標準ブラウザ
- Apple社のWebブラウザ

Safari さふぁり

Opera おぺら
- Opera Software社のWebブラウザ
- 2005年から無料
- Windows, Mac, Linux版がある
- Wiiやニンテンドー DSで使われている

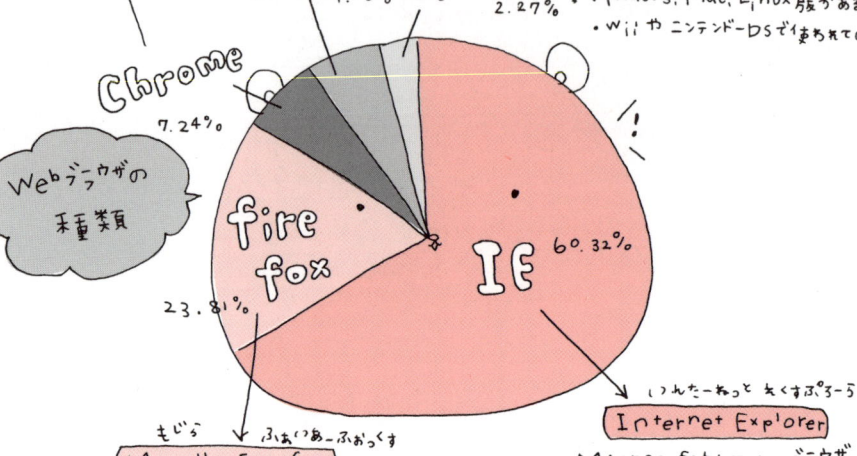

Webブラウザの種類

- Chrome 7.24%
- Safari 4.85%
- Opera 2.27%
- firefox 23.81%
- IE 60.32%

もじら ふぁいあーふぉっくす
Mozilla Firefox
- Mozilla foundationのWebブラウザ
- 元祖Webブラウザ
- 無料
- Windows, Linux, Mac版がある

いんたーねっとえくすぷろーら
Internet Explorer
- Microsoft社のWebブラウザ
- 無料
- windows版、Mac版がある

他にも
けいたい用でPCページが見れる
Webブラウザ
jigブラウザ

また, 携帯から, PCページを見るためのwebブラウザにはjigブラウザなどがあります。

166

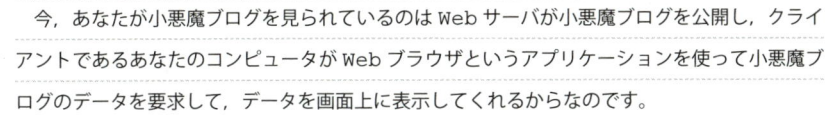

4-1 Web サーバと Web ブラウザ

まとめ

今，あなたが小悪魔ブログを見られているのは Web サーバが小悪魔ブログを公開し，クライアントであるあなたのコンピュータが Web ブラウザというアプリケーションを使って小悪魔ブログのデータを要求して，データを画面上に表示してくれるからなのです。

……というわけで次の節からは WWW（World Wide Web）の歴史やしくみについて勉強しましょう！

Chapter 4
World Wide Web のこと

4-2 WWW（World Wide Web）の歴史

インターネットと言えばWWW！ってくらいWWWのしくみはインターネットの普及に大きく貢献しました。

WWWの歴史（World wide web）

WWWのシステムはスイスのティム・バーナーズ・リーによって考案・開発されました。

Tim Berners-Lee (ティム・バーナーズ・リー) HA HA HA

スイスにあるCERN（欧州原子核研究機構）にソフトウェア技術者として在籍。

数千人にのぼる研究者の中から、研究の参加者のみに効率よく情報を行き渡らせるためWWWを考案。

（World wide web）

それ以前の当初のインターネットは、学術研究が目的であり、電子メールやネットニュースなどのサービスが中心でした。

4-2 WWW (World Wide Web) の歴史

ネットニュースとは...

インターネットにおける <u>電子会議室システム</u>　複数人での、メール＋掲示板みたいな…

（うさこのテーマ）（うさおのこと）（くまおのフシギ）

ニュースグループとして枝分かれした会議室での情報公開ができる。

日本では 1984 年, 村井純教授らによる, 慶応大と東工大, 東大をつないだ実験ネットワーク, JUNET が始まり, 後に他大学や企業の研究機関が参加し, 日本のインターネットの起源となりました。

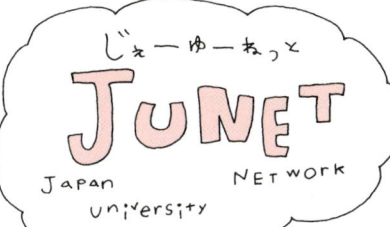

JUNET (じぇーゆーねっと)
Japan University Network

日本の大学や研究機関を結ぶコンピュータネットワーク（1984〜1994）

村井教授を中心に慶応、東工大、東大を結び、その後他大学や研究機関も参加。日本のインターネットの起源となった。1994年解散。

(けいおう) (とうこうだい)　とりに行くのめんどくさい…

慶応大にあるコンピュータの情報を、籍を移した東工大で見れるようにするために始まったんだそうな😊!

Chapter 4 World Wide Web のこと

その後，1992年に日本初のホームページが作られました。それがこのページ (http://www.ibarakiken.gr.jp/www/) です！

1990年，ティム・バーナーズ・リーは，世界初のWebサーバhttpdとWebブラウザWorldWideWebを発表しました。

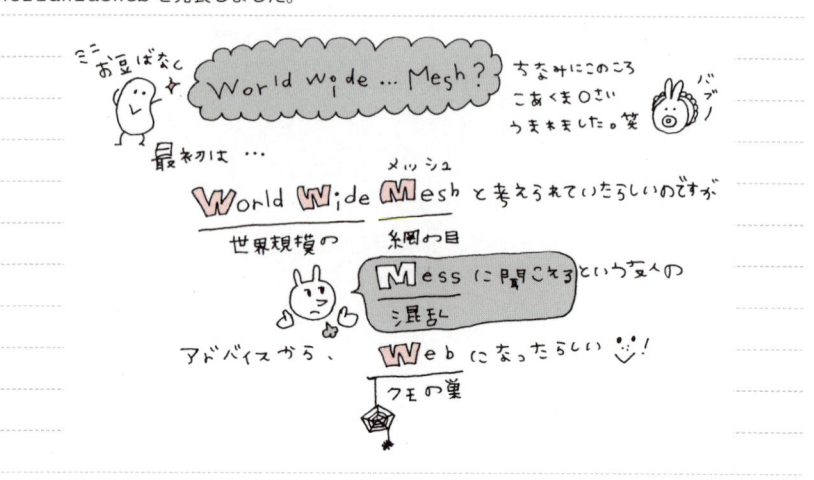

「World wide ... Mesh？」

最初は…

World Wide Mesh と考えられていたらしいのですが
世界規模の　網の目

Mess に聞こえるという友人の　混乱

アドバイスから，**Web** になったらしい ！
クモの巣

ちなみにこのころこあくま０さいうまれました。笑

このWorldWideWebは，文字だけのページでしたが，編集も行えて，HTTPやURL，HTMLなど現在のWWWにも存在するしくみをそなえたものでした。

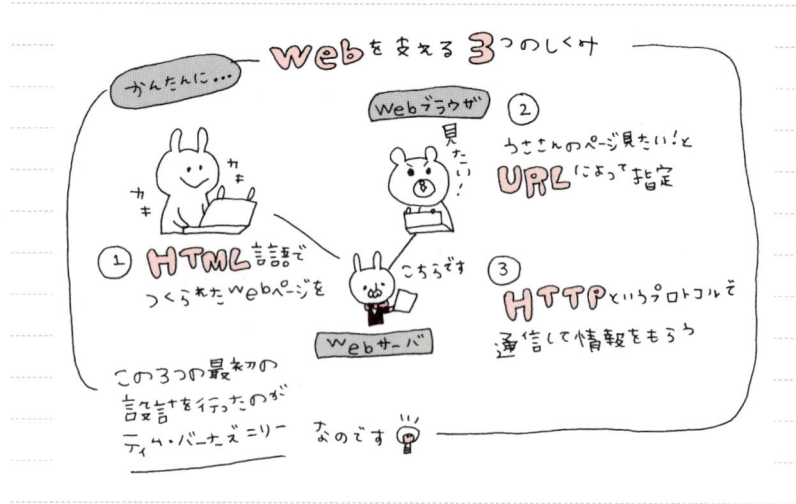

Webを支える3つのしくみ

かんたんに…

① **HTML** 言語でつくられたWebページを

② **URL** によって指定　ちさんのページ見たい！と

③ **HTTP** というプロトコルで通信して情報をもらう

Webブラウザ　Webサーバ　こちらです

この3つの最初の設計を行ったのがティム・バーナーズ＝リーなのです

4-2 WWW (World Wide Web) の歴史

その後，たくさんの Web ブラウザが登場しましたが，その中でも WWW にとって大きな転機となったのは 1993 年に開発された Mosaic です。

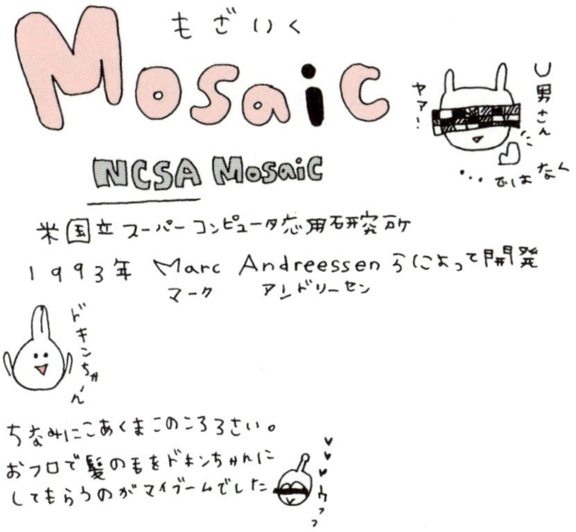

Mosaic もざいく
NCSA Mosaic
米国立スーパーコンピュータ応用研究所
1993年 Marc Andreessen らによって開発
       マーク アンドリーセン

ちなみにこあくまこのころ3さい。
おフロで髪の毛をドキンちゃんにしてもらうのがマイブームでした♡

Mosaic のすごいところは，テキストと画像を同じ画面に映し出せること！（<IMG> タグが実装されたこと）

こあくまブログ

テキストと 画像は
別ウィンドウに 表示!!
Mosaic 以前

こあくまブログ

テキストと画像同時に!!
すげ〜！
Mosaic なら…

へ〜ではフツーのことだけど，当時はとてもすごいことだったのでしょう！

こあくま(3)
アンパンに夢中でした。

今のこあくまブログがあるのも Mosaic のおかげ!?

Chapter 4
World Wide Web のこと

今にしてみればそれは普通のことのように思いますが，それ以前のブラウザはテキストと画像を別ウィンドウに表示していたため，Mosaicの開発はとてもすごいことだったのです。また，同時期に日本でもインターネットの商用利用が許可されたことで，WWWは爆発的な人気となりました。

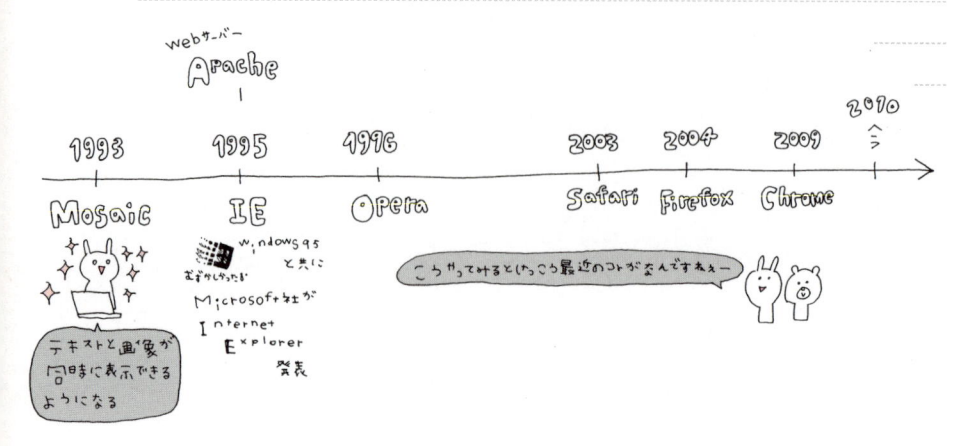

年表：
- 1993 Mosaic（テキストと画像が同時に表示できるようになる）
- 1995 Apache（Webサーバー） / IE（Windows95と共に．むずかしかったがMicrosoft社がInternet Explorer発表）
- 1996 Opera
- 2003 Safari
- 2004 Firefox
- 2009 Chrome
- 2010 へ…

（こうやってみるとけっこう最近のコトが多いんですねぇー）

その後，1995年にはApacheや，Microsoft社のWindows95に組み込まれたIE（Internet Explorer）が発表され，日本でもインターネットが広く使われるようになり，現在に至っています。

今日は晴れ

4-3 WWWのしくみ

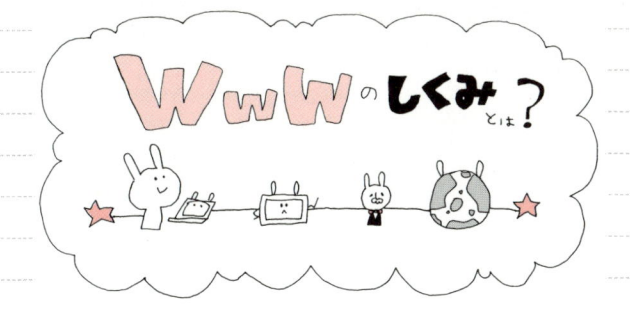

WWWのしくみとは？

前節で URL と HTTP と HTML についてちょこっと書きましたが，この3つのしくみがどんな働きをしているのか見てみましょう！

小悪魔ブログやホームページを見る時，ウィンドウの上の方に表示されてるのを URL と言います。

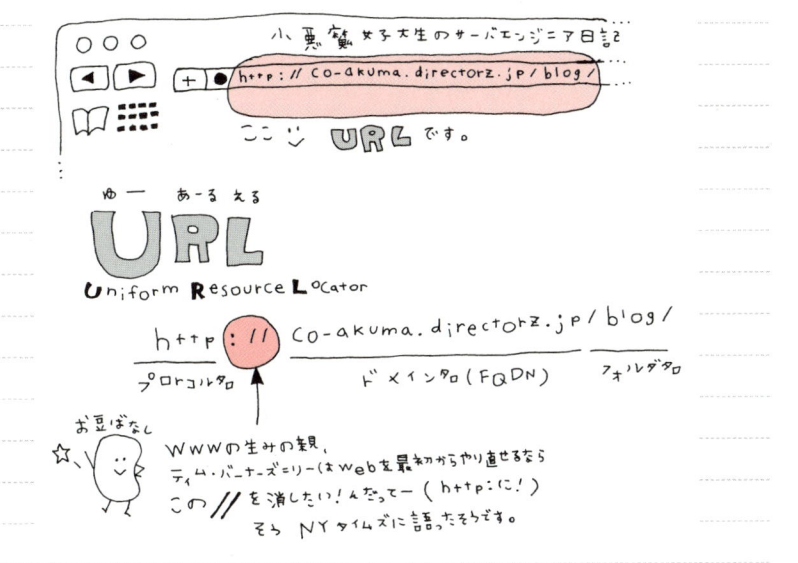

`http://co-akuma.directorz.jp/blog/`
ここが URL です。

URL — Uniform Resource Locator

`http :// co-akuma.directorz.jp / blog/`
プロトコルタロ ／ ドメインタロ (FQDN) ／ フォルダタロ

お豆ばなし：WWWの生みの親，ティム・バーナーズ＝リーは web を最初からやり直せるならこの // を消したい！んだってー (http:に！)　そう NY タイムズに語ったそうです。

URLの一番前の部分。http:// 〜と書いてありますが，この http とは，データをやり取りする時に使うプロトコル，HTTP のことを表しています。

Chapter 4 — World Wide Web のこと

HTTPとは...
hyper text transfer protocol

Webブラウザ と Webサーバ の間でデータ通信する時に使われるプロトコル（通信の方法）！

Webブラウザは，このURLから，co-akuma.directorz.jp というサーバにある blog というデータを HTTP リクエストで要求します。

Webブラウザは HTTP リクエストを送ることで Web サーバに指定されたデータを要求します。HTTP リクエストとはどんなものなのか見てみましょう！

ターミナルを立ち上げて，次のようにします。

```
$ telnet co-akuma.directorz.jp 80
```

と入力すると，

```
GET /blog/ HTTP/1.0
```

$ telnet co-akuma.directorz.jp 80
- telnet → サーバを指定して通信
- co-akuma.directorz.jp → [サーバ名]
- 80 → ポート番号　サーバが行うサービスの特定番号　wwwは80ばん

GET /blog/ HTTP/1.0
- GET → データ返信要求
- /blog/ → URI ゆーあーるあい (Uniform Resource Identifier) 文書や画像などのある場所を指定
- HTTP/1.0 → Webブラウザがサポートする HTTP のバージョン

HTTPリクエスト

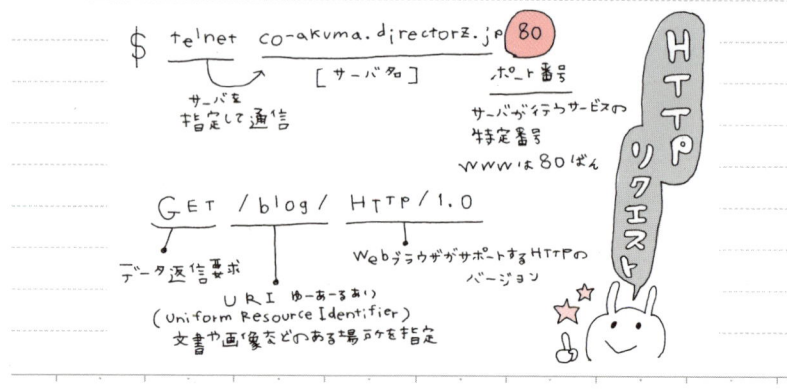

4-3 WWWのしくみ

これが HTTP リクエストです。
これ以外に，ブラウザ側のいろんな情報をのせたメッセージ・ヘッダーが入れられます。

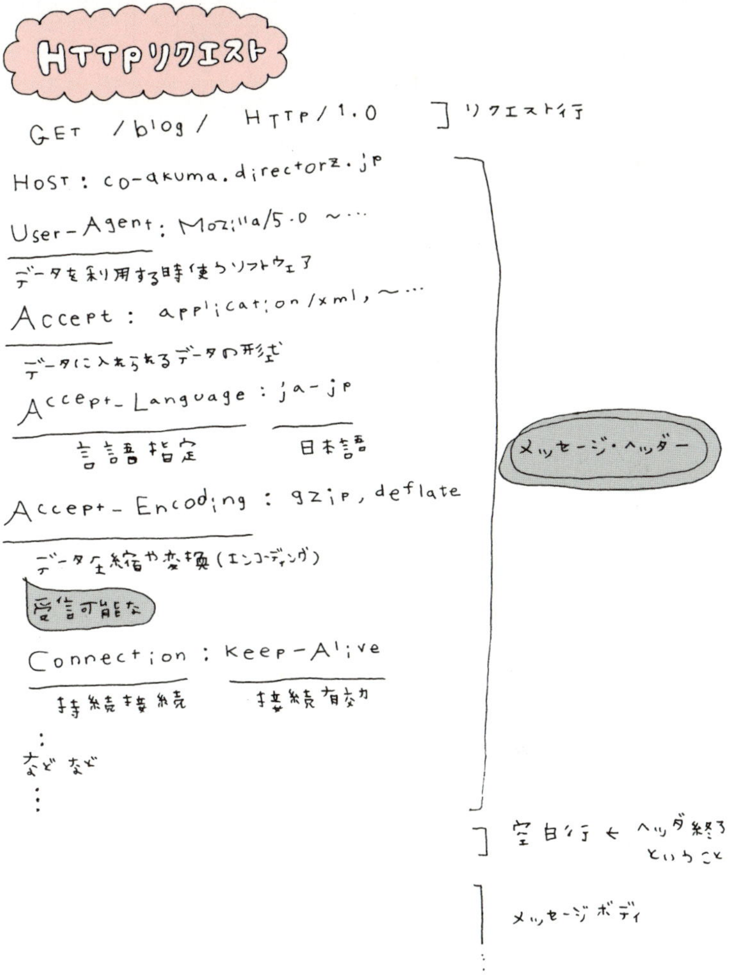

HTTPリクエスト

```
GET /blog/ HTTP/1.0      ] リクエスト行
Host: co-akuma.directorz.jp
User-Agent: Mozilla/5.0 ~…
  データを利用する時使うソフトウェア
Accept: application/xml, ~…
  データに入れられるデータの形式
Accept-Language: ja-jp
  言語指定      日本語
Accept-Encoding: gzip, deflate
  データを縮や変換 (エンコーディング)
  受信可能な
Connection: Keep-Alive
  持続接続    接続有効
 :
 などなど
 :
```

メッセージ・ヘッダー

] 空白行 ← ヘッダ終了 ということ

] メッセージボディ

ここには，ブラウザの種類や使っている言語などの情報が入ります。ヘッダー情報は各ブラウザによって入っている情報もさまざまです。昔は HTTP ヘッダーは存在していなかったのですが，WWW が普及したため入れられるようになりました。

Chapter 4
World Wide Web のこと

リクエストを送られた Web サーバは Web クライアントにこのような HTTP レスポンスを返信します。

```
HTTP/1.1 200 OK
Date: Fri, 22 Oct 2010 09:55:40 GMT
Server: Apache/2.0.63 (CentOS)
Connection: close
Content-Type: text/html; charset=UTF-8
```

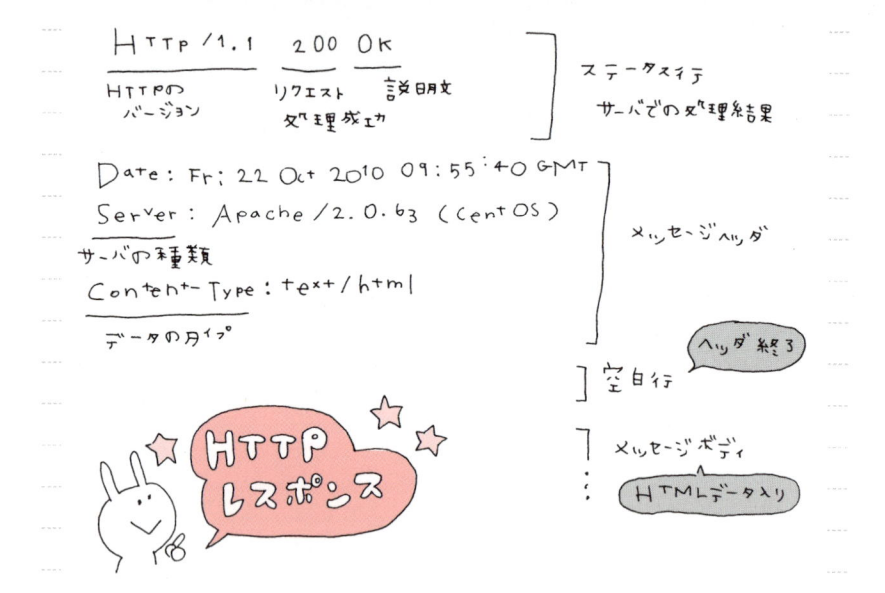

（手書き注釈）
- HTTP/1.1 → HTTPのバージョン
- 200 → リクエスト処理成功
- OK → 説明文
- 以上：ステータスライン（サーバでの処理結果）
- Date: Fri, 22 Oct 2010 09:55:40 GMT
- Server: Apache/2.0.63 (CentOS) → サーバの種類
- Content-Type: text/html → データのタイプ
- 以上：メッセージヘッダ
- （空白行）→ ヘッダ終了
- メッセージボディ（HTMLデータ入り）

HTTPレスポンス

　Web ブラウザが受け取るデータは最初は HTML データだけが送られてくるので，＜IMG＞と書かれたタグの画像データを要求するなど何度も通信が繰り返されています。

　この動きを Web ブラウザと Web サーバが行ってくれることで，小悪魔ブログを見てもらえてるのです！

4-4 ステータスコードとは？

ブラウザがリクエストを行った時，Web サーバは HTTP レスポンスを返します。

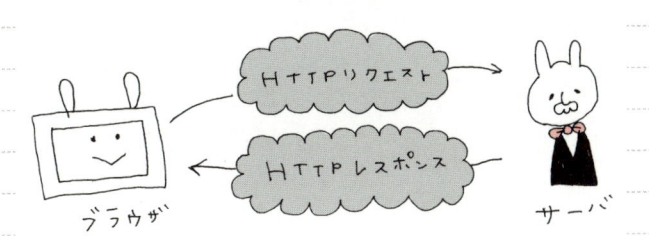

その際に，Web サーバはステータスコードというものを必ず返します。

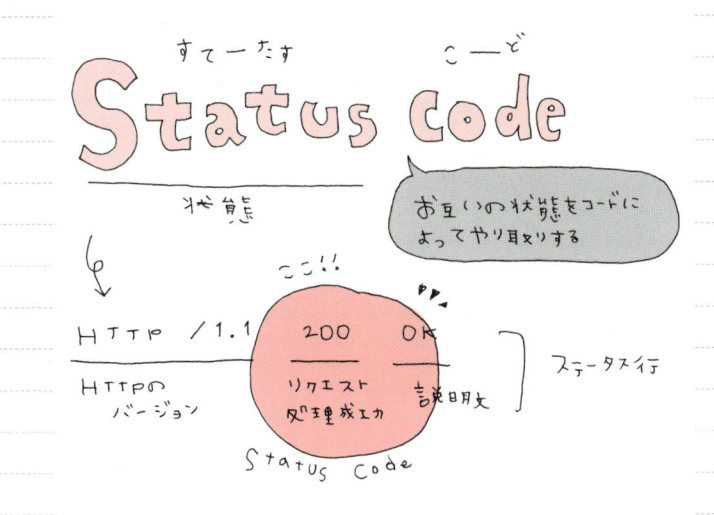

ステータスコードとは，Web サーバと Web ブラウザが，お互いの状態をやり取りするためのコードです。前回のレスポンスの際，「200 OK」というものを返していますね。これがステータスコードです。

Chapter 4
World Wide Web のこと

正常なコード例

200 OK!
リクエスト成功
こちらです

301 Moved Permanently
リクエストしたページが別のページに移動している
お皿がかわりました

302 Found
一時的に別のページに移動中
本日のみお皿かわりました

「200 OK」とは、リクエストの処理が成功したことを示すステータスコードですが、ほかにも、301（リクエストしたページが移動しているが表示できる）、302（リクエストしたページが一時的に移動しているが表示できる）などがあります。

異常なコード例

403 Forbidden
リクエストしたページを表示する権限なし
あなたに出す料理はありません！！

404 Not Found
リクエストしたページが存在しない
そのようなメニューは存在しません…

500 Internal Server Error
サーバ側でエラー発生
すいません…

178

4-4 ステータスコードとは？

リクエストが処理されなかった時に出るものでよく見られるのはこの3つです。ページが表示されなかった時によく見かける「404 not found」というエラー、あれはサーバ側が返しています。

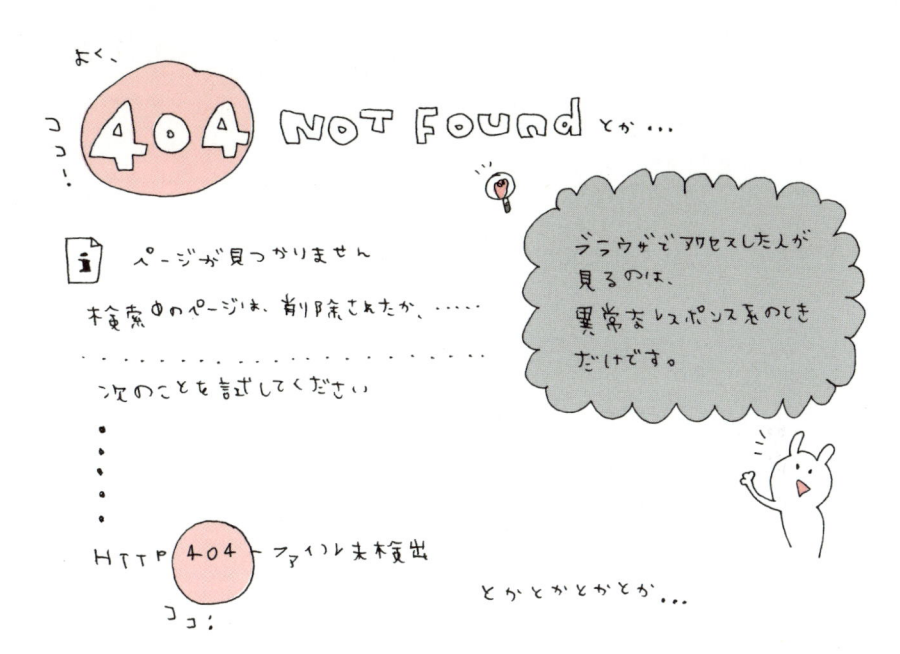

よく、こう…「404 NOT FOUND」とか…

ページが見つかりません
検索中のページは、削除されたか、……

次のことを試してください
・
・
・

HTTP 404 → ファイル未検出
ココ！

ブラウザでアクセスした人が見るのは、異常なレスポンス系のときだけです。

とかとかとかとか…

とはいっても基本的にこれらのエラーコードをブラウザでアクセスした人が見るのは異常なレスポンス系の時だけです。通常はレスポンスヘッダーに入っているので見られません。

では何に使うのでしょうか？

ステータスコードはエラー発生時の原因調査のために使われます。ステータスコードは，大きく100番台，200番台，300番台，400番台，500番台に分かれています。

Chapter 4
World Wide Web のこと

100 ばんだい Information — 情報提供のため
「リクエストは……」

200 ばんだい Success — 成功を表す
「リクエスト受けつけましたよー」

300 ばんだい Redirection — 転送に関する
「お皿かわってまして…」

エラーコード

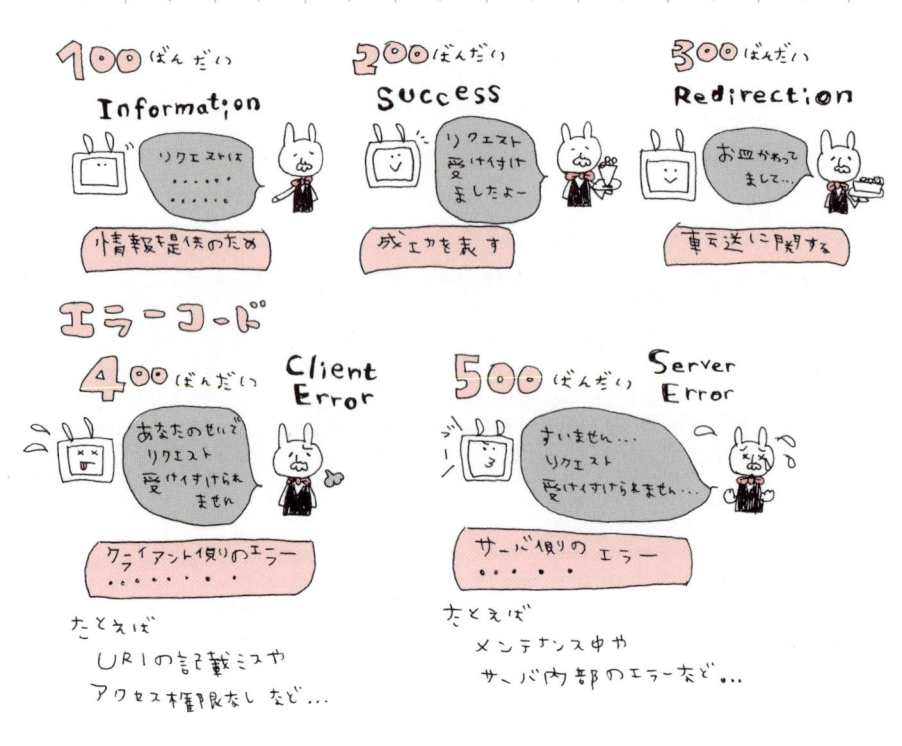

400 ばんだい Client Error — クライアント側のエラー
「あなたのせいでリクエスト受けつけられません」
たとえば URI の記載ミスや アクセス権限なし など…

500 ばんだい Server Error — サーバ側のエラー
「すいません… リクエスト受けつけられません…」
たとえば メンテナンス中か サーバ内部のエラーなど…

> 400番台なら，多分クライアント側にミスがあるな（URIの記載ミスなど）とか，500番台なら，多分サーバ側（CGIの誤動作）だなー，とかわかるようになっているので，サーバエンジニアとしては，ステータスコードを見て障害ポイントのあたりを付けるわけですね。

マメバナシ
HYPERTEXT COFFEE POT Control Protocol
HTCPCP

コーヒーポットを制御・監視・診断するためのプロトコル

…なんてのがあります。1998年4月1日に発行されたRFCのRFC2324で規定。もちろん，ジョークRFCですが読んでみるとけっこうおもしろいです。 こあくまコーヒーのめない〜

4-5 バーチャルホストとは？

通常は Web サーバやメールサーバを運用するのにドメインの数以上のサーバコンピュータが必要となります。

通常は…
1人のうさぎ ← ? → 1つの家（ゆめのマイホーム）
1ドメイン　　1サーバ

しかし，サーバリソースの有効利用や IP の有効利用のために，1つのサーバで複数のドメインを運用したい！――という要望に応えるもの，それがバーチャルホストです！

Virtual host とは…
ばーちゃる　ほすと　　ばーちゃるうさ！
1つのサーバで複数のドメインを運用する技術

バーチャルホストとは，1つのサーバで複数のドメインを運用する技術です。

Chapter 4
World Wide Web のこと

1つのサーバ(うさうさ家)で　　複数のドメイン運用(住人いっぱい)

うさうさ館

5号室に住むうさぜんくん

マンションの住人たち
バーチャルホスト

大家さんのうさ子さん
来ません...かもしれない
実ホスト

　サーバの代表となるドメインが実ホスト，それ以外がバーチャルホストです。実ホストが大家さんでバーチャルホストが部屋（ページ）を借りている住人がバーチャルホストだと思ってください。大家さん（実ホスト）は必ず存在しますが，大家さんの部屋（ページ）はあったりなかったりします。

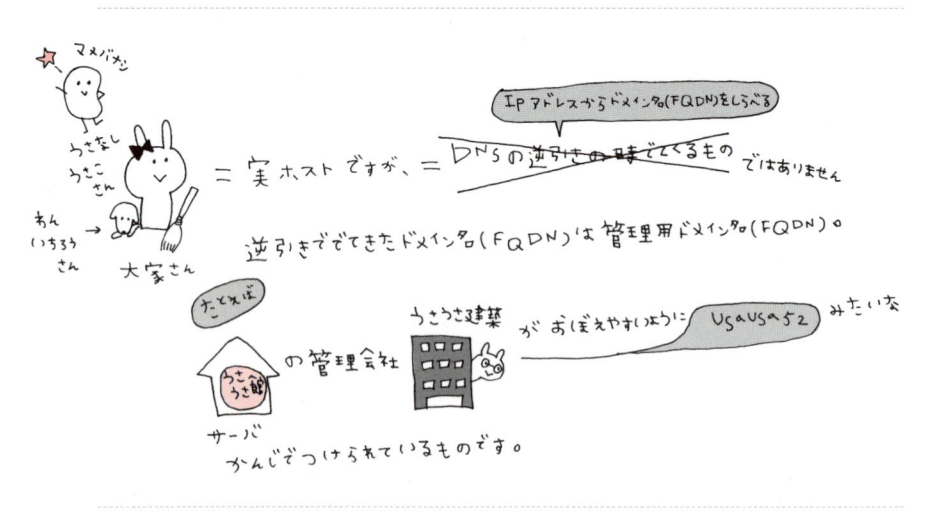

マメバチさん
うさなしうさこさん
あんいちろうさん
大家さん

＝実ホストですが、~~DNSの逆引きの時にでてくるもの~~ IPアドレスからドメイン名(FQDN)をしらべる ではありません

逆引きででてきたドメイン名(FQDN)は管理用ドメイン名(FQDN)。

たとえば うさうさ建築 の管理会社 がおぼえやすいように usausa52 みたいな

サーバ
かんじでつけられているものです。

4-5 バーチャルホストとは？

では，どのように運用されているのでしょうか？

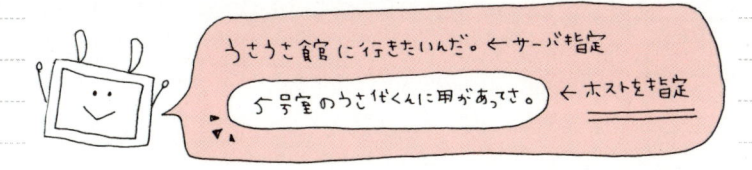

> うさうさ館に行きたいんだ。 ← サーバ指定
> 5号室のうさ伯くんに用があってさ。 ← ホストを指定

ブラウザからWebサーバに接続する時，webブラウザはhttpリクエストを投げますよね。その時，リクエスト内容に「このホスト名に接続したい」という内容を含めることにより，要求している「ホスト名」に接続させることができます。

1ドメイン1サーバ
1人で大きな家に住む

ではなく…

複数ドメイン1サーバ
うさうさ館
みんなで大きな家を共有

これにより，1台のサーバで複数のドメインを運用することができるようになります。

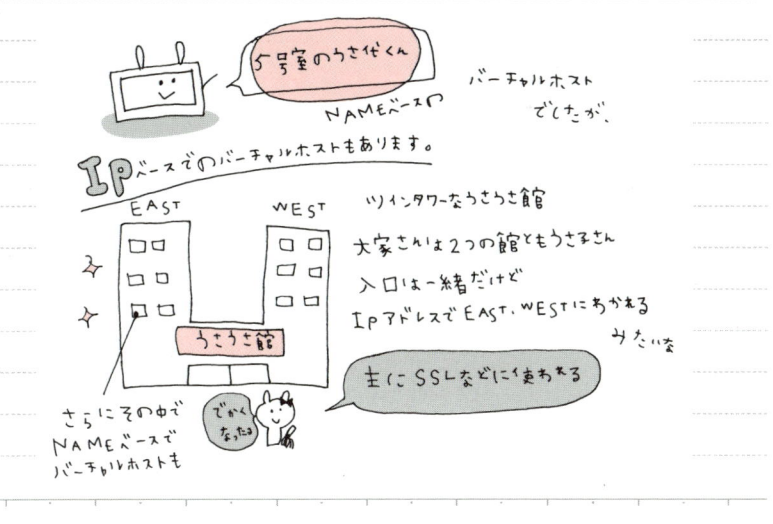

「5号室のうさ伯くん」 NAMEベースの バーチャルホストでしたが，

IPベースでのバーチャルホストもあります。

EAST WEST
うさうさ館

ツインタワーなうさうさ館
大家さんは2つの館ともうさぎさん
入口は一緒だけど
IPアドレスでEAST, WESTにわかれる
みたいな

主にSSLなどに使われる

さらにその中で NAMEベースで バーチャルホストも

でかくなった！

Chapter 4

World Wide Web のこと

ちなみに上記は NAME ベースのバーチャルホストの話ですが，IP ベース（1 台のサーバに複数 IP を振って，この IP にきたものはこっち，この IP にきたものはあっち的に振り分ける方法）のバーチャルホストというのもあります。

ちなみに小悪魔ブログは NAME ベースのバーチャルホストです。

```
telnet co-akuma.directorz.jp 80
GET /blog/ HTTP/1.0
Host: co-akuma.directorz.jp
```

この行がないとページがでてきません

そのため,

```
telnet co-akuma.directorz.jp 80
GET /blog/ HTTP/1.0
```

の後に,

```
Host: co-akuma.directorz.jp
```

を入力しないと，ページ表示が出てきません。

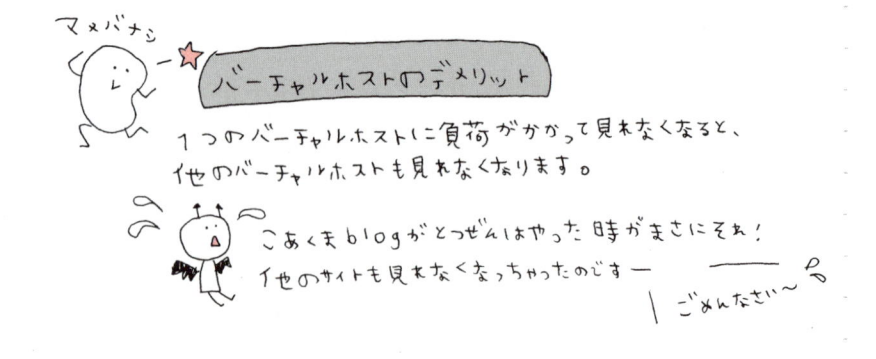

マメバナシ

バーチャルホストのデメリット

1つのバーチャルホストに負荷がかかって見えなくなると、他のバーチャルホストも見れなくなります。

こあくまblogがとつぜんはやった時がまさにそれ！他のサイトも見れなくなっちゃったのです―― ごめんなさい～

4-6 SSL って何だろう？

「https://～」から始まるサイトを見たことはありませんか？

SSL とは，インターネット上で情報を暗号化し，送受信できるプロトコルです。

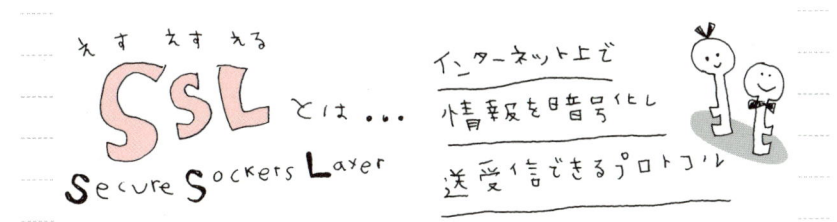

えす えす える
SSL とは…
Secure Sockets Layer
インターネット上で
情報を暗号化し
送受信できるプロトコル

「http://」では，サーバとブラウザ間でやり取りするデータはインターネット上をそのままの形で流れています。

Chapter 4
World Wide Web のこと

http のばあい データはインターネットをそのままの形で流れます。

このため，悪うさがいると，盗聴や改ざんをされる可能性が出てきます。暗号化していない場合の危険性については 5-6 節を見てください。

そのため、改ざんや盗聴される可能性があります。

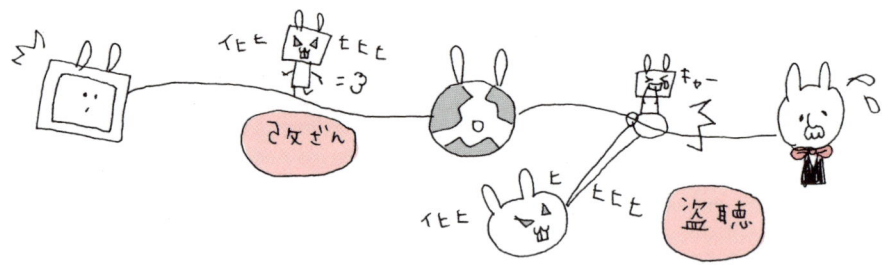

改ざん　盗聴

なので，大事な情報をやり取りする時には，https から始まる URI（SSL）が使用されます。

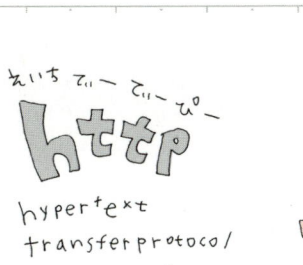

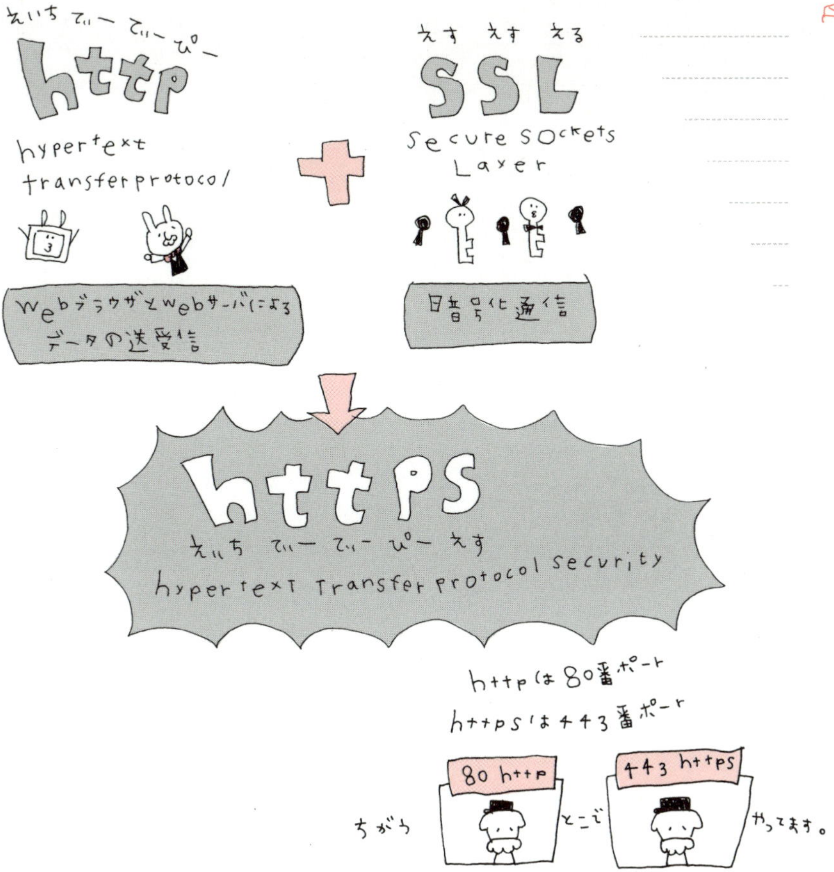

4-6 SSLって何だろう？

http
えいちてぃーてぃーぴー
hypertext transfer protocol
webブラウザとwebサーバによるデータの送受信

+

SSL
えすえすえる
secure sockets layer
暗号化通信

↓

https
えいちてぃーてぃーぴーえす
hypertext transfer protocol security

httpは80番ポート
httpsは443番ポート

80 http　ちがう　とこで　443 https　使ってます。

せっかく SSL によって暗号化されていても，通信相手が信頼できなければ意味がないですよね？

Chapter 4
World Wide Web のこと

httpsのばあい

データは暗号化されて流れます。

そのため，SSL には第三者の認証機関が，そのページの運営者が実在していると認めてくれるしくみも組み込まれています。

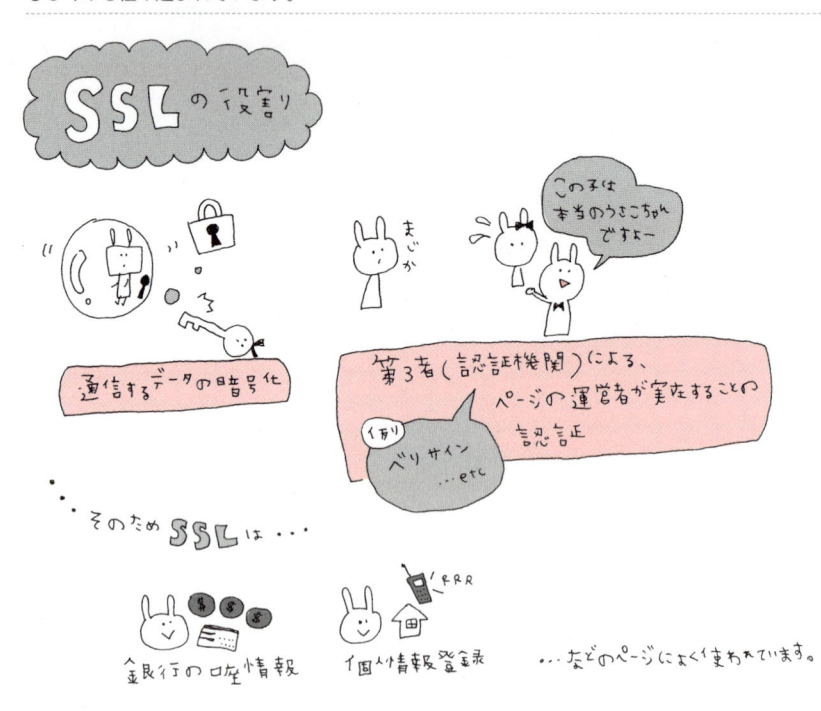

SSLの役割

通信するデータの暗号化

このこは本当のうさこちゃんですよー

まじか

第3者（認証機関）による、ページの運営者が実在することの認証

（例）ベリサイン …etc

…そのためSSLは…

銀行の口座情報　　個人情報登録　　…などのページによく使われています。

4-6 SSLって何だろう？

なのでSSLは，銀行口座の情報等，重要な個人情報を登録するページなどでよく使われています。WebでSSLを利用するには，認証機関に申請が必要です。ベリサイン等多くの認証機関があります。

SSLサーバ証明書の取得の仕方講座

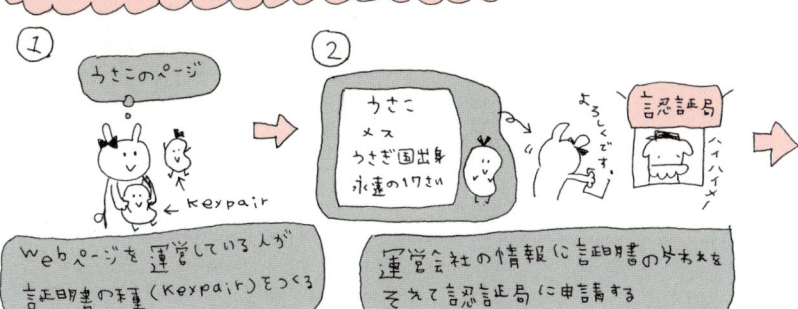

① Webページを運営している人が証明書の種（keypair）をつくる

② 運営会社の情報に証明書の種をそえて認証局に申請する

③ 認証局で申請内容と申請者の存在を確認

④ 種の外側に認証済マークをつけ，申請者に返却

⑤ 証明書を飾る（サーバにインストールする）

Chapter 4
World Wide Web のこと

　Webページの運営をしている人が証明書の種（keypair）を作り，運営会社の情報に証明書の種の片割れを添えて認証局に申請します。
　すると，認証局は，申請内容と申請者の存在を確認し，種の片割れに認証済みマークを付け，申請者に返却します。運営者は証明書を飾る（サーバにインストール）ことをすれば，SSLサーバ証明書が取得成功です！

　実はブラウザには，すでにベリサイン等の公式に認められている認証機関の情報（申請された証明書に押した印の印影）が登録されています。ブラウザはhttps通信する時はサーバにインストールされた証明書とこの印影が一致するかをチェックしています。
　なので，ブラウザを使って印影に一致しない証明書を使用しているサーバにアクセスしたい際には，この証明書は信用できる認証機関にハンコを押してもらっていないけど，「接続するの

4-6 SSLって何だろう？

やめとく？」「それとも信用して接続する？」というメッセージが表示されます。

　ちなみに，携帯電話などは，年代によってはメジャーな認証機関が登録されていないものがあるため，世の中的には信頼できる認証機関によって認証された証明書でもエラーが出ることがあります。

SSLはバーチャルホストできない

SSLは「ホスト名につなぎたい！」という要求まで暗号化するため，Webサーバはどこのホストにつなげばよいのかわからなくなってしまうため，SSLを使用するホストは，1つのIPアドレスに1つ！になります（たこやきはソースのみ！）。

※最近はバーチャルホストが使用できるようになってきています。

Chapter 4 World Wide Web のこと

4-7 OpenSSL で SSL の様子を見てみよう！

telnet で SSL のようすを見てみよう!!

いつものように，telnet で SSL の様子を見てみましょう！

```
telnet www.directorz.co.jp 443
```

と入れて，GET / HTTP/1.0 と入れます。

```
telnet www.directorz.co.jp 443
GET / HTTP/1.0
```

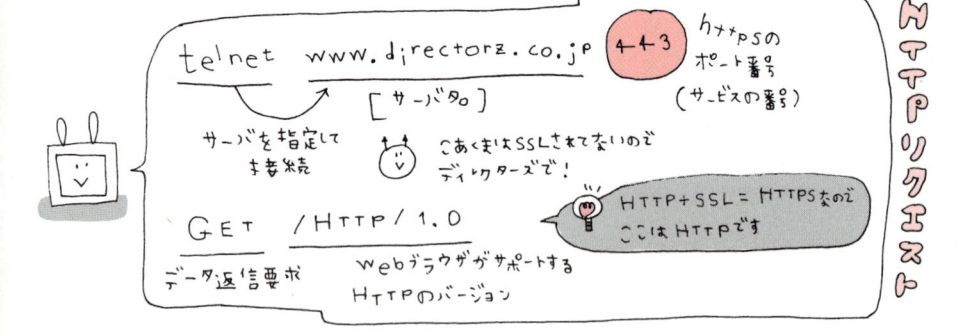

telnet www.directorz.co.jp 443
- telnet → サーバを指定して接続
- www.directorz.co.jp → [サーバ。] こあくまはSSLさせてないのでディレクターズで！
- 443 → httpsのポート番号（サービスの番号）

GET /HTTP/1.0
- GET → データ返信要求
- /HTTP/1.0 → webブラウザがサポートする HTTPのバージョン

HTTP+SSL = HTTPSなのでここはHTTPです

HTTPリクエスト

4-7 OpenSSLでSSLの様子を見てみよう！

すると，サーバ側からこのように返ってきます．

```
<!DOCTYPE HTML PUBLIC "-//IETF//DTD HTML 2.0//EN">
<html><head>
<title>400 Bad Request</title>
</head><body>
<h1>Bad Request</h1>
<p>Your browser sent a request that this server could not understand.<br />
Reason: You're speaking plain HTTP to an SSL-enabled server port.<br />
Instead use the HTTPS scheme to access this URL, please.<br />
```

<title> **400** Bad Request </title>
　　　　　Status Code
（リクエストは不正な構文、サーバ理解できず。）

あなたのブラウザが送ってきたメッセージはこのサーバ、理解できないです。
あなたが言ってるのってSSLのかかったHTTPでしょー？
このURLにつなぎたいならHTTPSでね！

みたいかんじ？　エイゴキライ！

HTTPレスポンス

暗号化されているため telnet で普通に入れてもダメだと言われたようです．そこで使うのが openssl コマンドです！

OPENSSL
OPEN Secure Sockets Layer
SSLプロトコルの公開されているソフトウェア

Chapter 4
World Wide Web のこと

```
openssl s_client -connect www.directorz.co.jp:443
```

と入力すると，サーバは暗号化された情報を流します．

```
GET / HTTP/1.0
```

と入れると，www.directorz.co.jp の情報を見ることができました！

```
openssl s_client -connect www.directorz.co.jp:443
暗号化通信の過程がビャーッと出る
GET / HTTP/1.0

HTTP/1.1 200 OK
Date: Sat, 30 Oct 2010 05:43:14 GMT
Server: Apache/2.0.63 (CentOS)
Last-Modified: Fri, 22 Oct 2010 03:18:13 GMT
ETag: "6aceb7-68a1-17bdc740"
Accept-Ranges: bytes
Content-Length: 26785
Content-Type: text/html
Connection: close
<!DOCTYPE html>
<html lang="ja">
<head>
<meta charset="utf-8">
<link rel="stylesheet" type="text/css" href="/common/css/main.css">
```

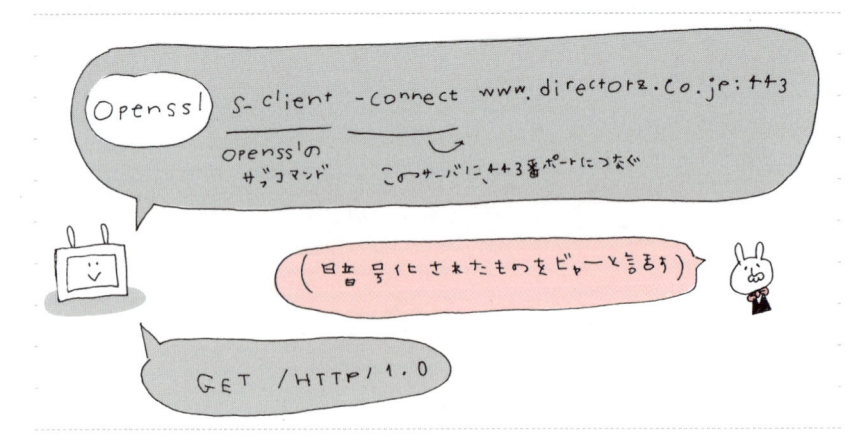

openssl s-client -connect www.directorz.co.jp:443
opensslのサブコマンド
このサーバに443番ポートにつなぐ

（暗号化されたものをビャーと言おう）

GET /HTTP/1.0

4-7 OpenSSL で SSL の様子を見てみよう！

——というわけで，暗号化されていると telnet ではダメだということがわかりました。

そのため，openssl でまず暗号化処理をして，その後はいつもの http のプロトコルで大丈夫でした！

（telnet-ssl というものを使えば telnet でも SSL 通信ができるそうです！）

第5章
サーバ管理のこと

Chapter 5 サーバ管理のこと

5-1 サーバエンジニアとは？

ここまで、サーバエンジニアにとって知っていたほうが良いことの一部についての概念を勉強してきましたが、今日は、そもそも「サーバエンジニアとは何だ！？」ということをまとめてみました。

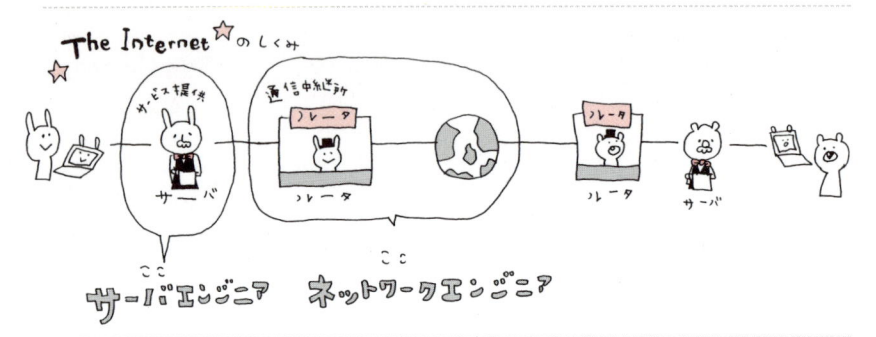

このように、インターネットの世界で、サーバのシステムを設計したり、管理したり、運用したり、トラブル対策したり……する人がサーバエンジニアです。

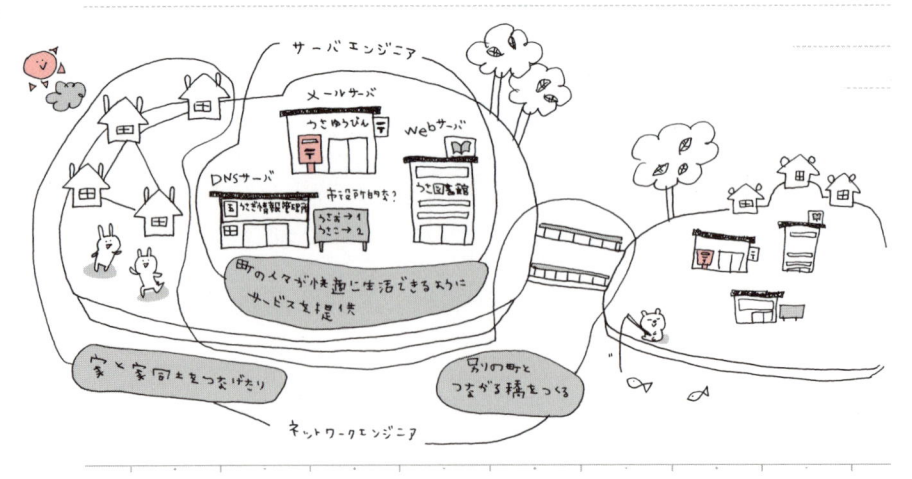

5-1 サーバエンジニアとは？

うさうさ村でいうと，町の人々が快適に生活できるようにしてあげる郵便局などの動きを管理するのがサーバエンジニア。

一方，別の町につなげる橋をつくったり，家と家をつなげ，管理するのがネットワークエンジニアです。

ここで！就活生におすすめ！

「サーバエンジニア・ネットワークエンジニアにむいてるのはこんな人！」情報～！

を教えてもらいました！

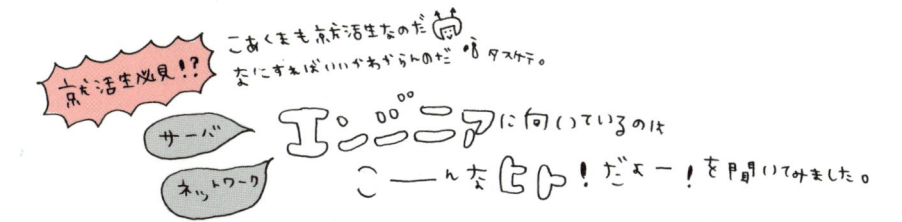

サーバ管理のこと

就活生必見!?

こむくまも就活生なのだ　なにすればいいかわからんのだ　タスケテ。

サーバ／ネットワーク　エンジニアに向いているのは　こーんなヒト！だよー！を聞いてみました。

サーバエンジニア

インターネットやパソコンがスキ♡な人

- インターネットの裏側が見えます。ふだん使っているインターネットの裏側のしくみ，見てみたくないですか？
- ブ●ッディーマンデーになんだかドキドキしちゃった人。（はるき！）

なにより　手に職!!

- 上位エンジニアを目指すと幅広く深い知識が必要となるが，根本気を理解すれば，カンタンにこなせる業務もあるためとっつきやすい。
- 1つの仕事ボリュームが小さいため，時間制約のあるママさんエンジニアのような人もこなせる業務がある。

ネットワークエンジニア

メンタル強い

- 心臓に毛が生えてる人。設定変更1つで500台や1000台のサーバが接続できなくなることも…そんなプレッシャーにたえられる人。
- なんかみんなお酒強い気がする（社長談）

かんぜんにサーバエンジニア推しなのだ

Chapter 5 サーバ管理のこと

参考になったでしょうか？

インフラエンジニア

- ネットワークエンジニア
- サーバエンジニア
  - Unix系
  - Windows系

こあくまはここまで
・インターネットとは？
・DNSとは？
で、インフラエンジニアとして知っておきたいインターネット全体の概念を

こあくまはココベンキョウ中〜。

・DNSとは？
・メールとは？
・Webとは？
で、サーバ構築・保守管理の際知っておきたいことのごく一部を

勉強来してきました♡

……といってもネットワークエンジニアもサーバエンジニアも，根幹は「インフラエンジニア！」ということで，2つのラインはあいまいなものらしいです。インターネット上の説明でもいろいろな説があります。

マメバナシ
ネットワークエンジニアやサーバエンジニアのようなインターネットにかかわる人たちに何より大切なのは道徳的な行動。あるウサさんのようになってはいけないのです。

NO! WARUUSA!

5-2 サーバエンジニアのお仕事（その1）

今回は具体的に「サーバエンジニアが実際にどんなお仕事をしているの？」ということを教えてもらいました！

サーバエンジニアの使命……それは！！！！！！

> サーバエンジニアの**使命**……それは!!
> サーバ上で稼働するサービスの停止を**1分1秒でも短く!!** すること

こぁくま昔習字ならってたんだよ 2級かる段？くらいー
今は見る影もなし♥ だけどうふふ
おやゆこうものよー

動いてて当たり前!!
なんて言われちゃう
世界なのです

サーバを預けるお客様が期待することはまさに「これ！」なのです。
では，サーバエンジニアの業務内容を見てみましょう。

サーバエンジニアの 業務内容は…?? どんなことをやっているんだろー？ ???

サーバエンジニアの業務内容は大きく分けて2つ。構築業務と保守業務です。
まずは構築業務から見てみましょう！

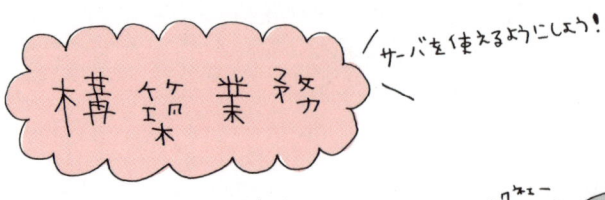

Chapter 5 サーバ管理のこと

構築業務 — サーバを使えるようにしよう！

① サーバ構成の設計
② 物理作業
③ OSやサーバアプリケーションのインストール・設定

1つめはサーバ構成の設計です。

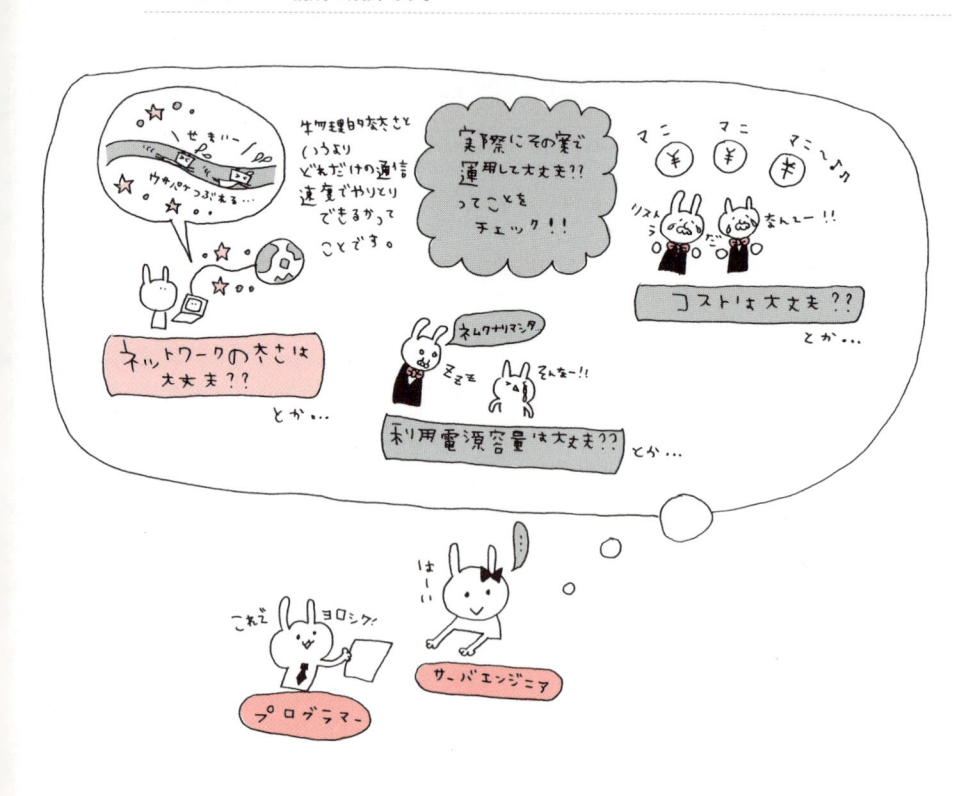

5-2 サーバエンジニアのお仕事（その1）

サーバを構築する際，サーバのスペックや台数（処理能力）などはプログラマーなどと相談しながら一緒に考えます。

その上でサーバエンジニアは，ネットワーク回線の太さや利用電源容量，希望の可用性とコストのバランスが見合っているかなどを確認し，実際に運用する時に困らないような構成を考えます。

また，機械故障時や，誤って消去してしまった時のためにバックアップの設計なども同時に行います。

2つめはラッキングや配線などの物理作業です。

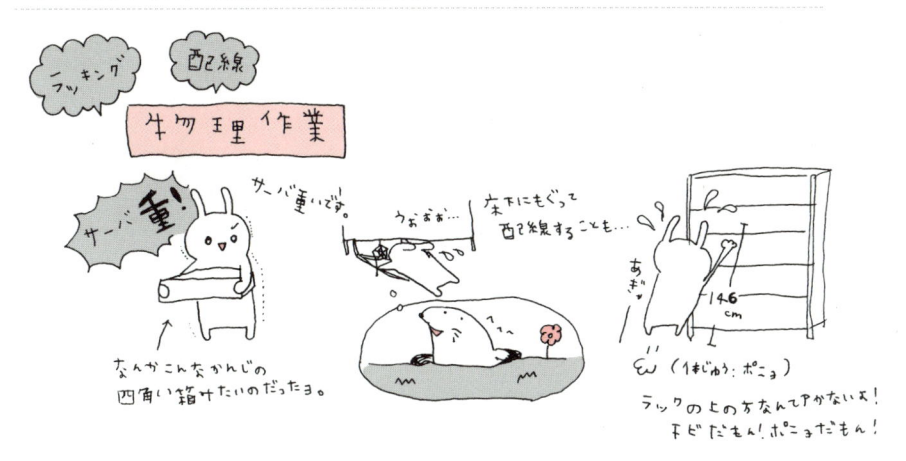

サーバはラックに積まれて運用されています。なので後々メンテナンスがしやすいよう配慮する必要があります。そのため，ケーブルを自作したり，時には床下に潜って配線をすることも。なにより！　サーバって意外に重い！　こあくまも見せてもらいましたがほんとに重かった～。

ラックの高いところなんて届かないかも……。

Chapter 5 サーバ管理のこと

そして！ 3つめはOSやサーバアプリケーションのインストール・設定です。

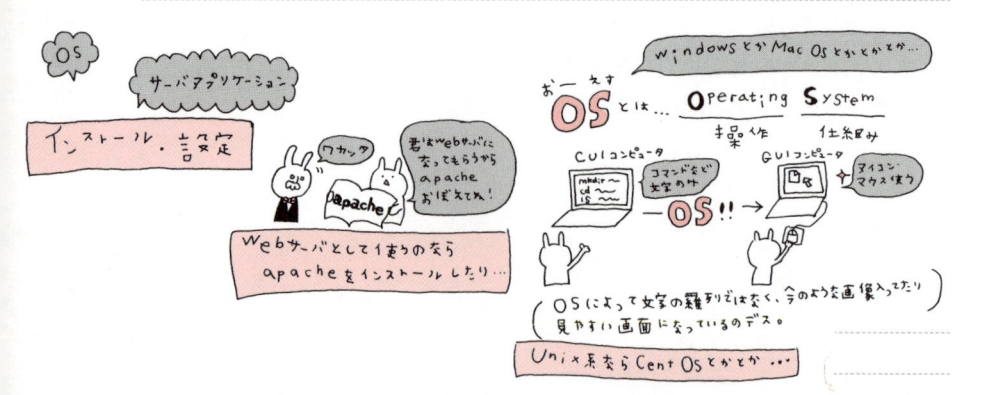

OS
サーバアプリケーション
インストール・設定

ワカッタ
君はwebサーバになってもらうからapacheおぼえてネ！
Webサーバとして使うのならapacheをインストールしたり…

OSとは… Operating System
windowsとかMac OSとかとかとか…
操作　仕組み
CUIコンピュータ - コマンドなど文字のみ
GUIコンピュータ - アイコン　マウス使う
→ OS!!
OSによって文字の羅列ではなく、今のような画像入ってたり見やすい画面になっているのデス。
Unix系ならCentOSとかとか…

OSはUNIX系ならCentOSとか，サーバアプリケーションはWWWサーバならApacheをインストールとか……。

人生イロイロ　サーバもイロイロ～♪♫

| webサーバ | メールサーバ | dnsサーバ | キャッシュサーバ | データベースサーバ | FTPサーバ |

ページを閲覧してくれる / メール送ってくれる / 名前解決してくれる / 前見たものをおぼえててくれる / たくさんデータをもってデータ送信したりしてくれる / ファイルの送信受信を行う

etc

サーバは，ここまではDNS，WWW，Mailを勉強してきましたが，他にもキャッシュサーバ，データベースサーバ，FTPサーバなどなどたくさんあります。

5-3 サーバエンジニアのお仕事（その2）

5-3 サーバエンジニアのお仕事（その2）

今回は運用保守業務について教えてもらいました！

サーバエンジニアのお仕事は構築1割，運用保守業務9割ってくらいとにかく保守！ 保守！ 保守！ なんだとか？

保守！保守！保守！
サーバエンジニアのお仕事!! その2

……というわけで，運用保守業務はどんな仕事をしているのか見てみましょう！

サーバエンジニアの運用保守業務はこんなかんじです。

運用保守業務　ダイジョーブ？？

1. 設定変更
2. 監視
3. 障害対応
4. 原因調査
5. ログ解析
6. バックアップ
7. 定期検診
8. 相談受ける

Chapter 5 サーバ管理のこと

1つめは設定変更。

たとえば、メールサーバなら人数が増えたからアドレスを追加するとか、Webサーバならキャンペーンがあるから、いつもより多めに人数がきても大丈夫なようにする（チューニング）などの設定変更があります。

次は監視・障害対応・原因調査・ログ解析です。第4章で見たステータスコード覚えてますか？

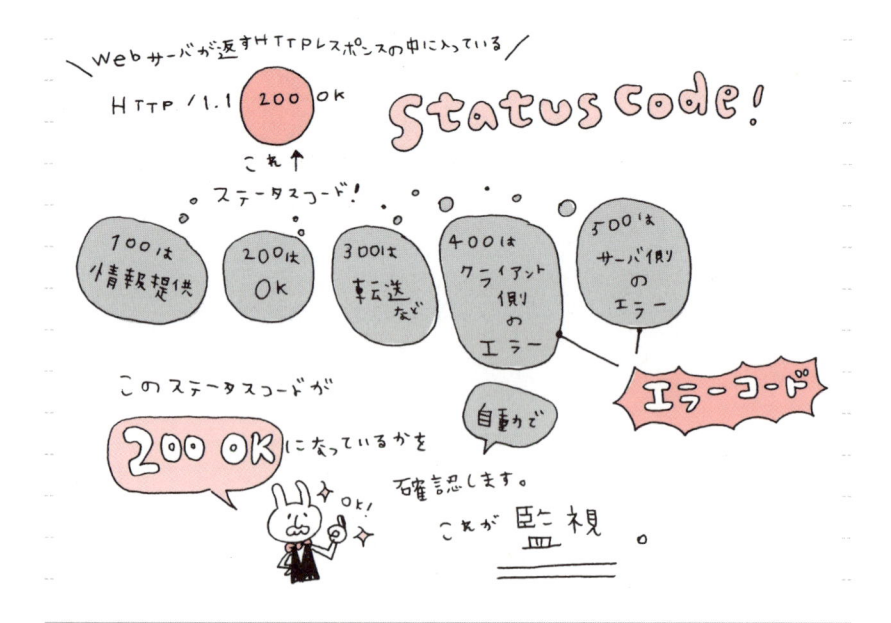

5-3 サーバエンジニアのお仕事（その2）

このステータスコードが「200 OK」と出ているか監視専用のプログラム（nagios とか）をつかって自動的に確認します。これが監視です。ステータスコードは 400 や 500 台のエラーコードが出てしまうと障害が起きているので，メールでアラートが飛ぶようにしたりします。

で，ブーブーなったので，障害対応をしましょう。

エラーが飛んできた時，ログを見たり，ステータスコードのエラーコードを見たりして復旧のために原因を探します。障害の原因としては，ハードが壊れて起動していなかったり，プログラムミスやアクセス過多などが考えられます。

また，「障害の原因はなんだったの？」と後々聞かれたり，アラートが飛ばなくても「サーバが重かった！」なんてことをお客様に言われたりします。

Chapter 5
サーバ管理のこと

そのときのためにも原因調査をしっかりしておくことは大事です。

でも障害が起きている時にサーバにログインしていれば，原因調査もできますが，後々になって調べるのはなかなか大変です。そのため，日々の状態を記録させる設定（原因調査のための事前準備）をしておくことが大事です。

標準的にOSが取得しているデータもありますが，追加で取得設定しないといけないものもあります。たとえばCPUの使用率やネットワークの使用率などのログです。

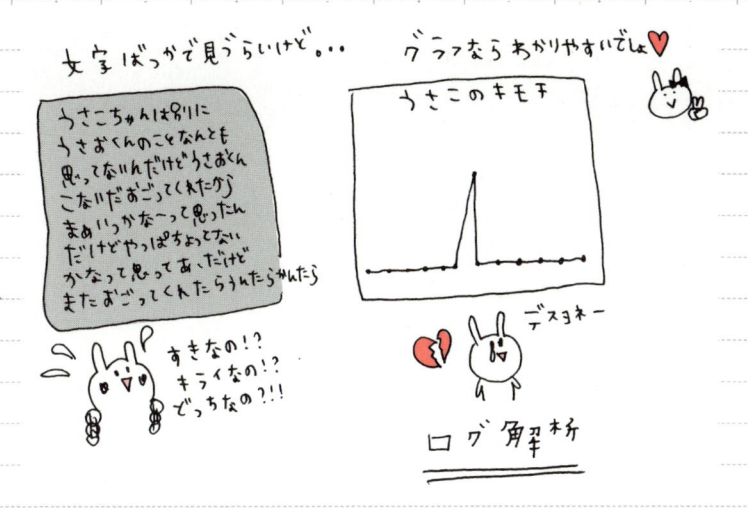

5-3 サーバエンジニアのお仕事（その２）

サーバ管理のこと

文字ばっかで見づらいけど…

> うさこちゃんは別に
> うさおくんのことなんとも
> 思ってないんだけどうさおくん
> こないだおごってくれたケド
> まぁいっかなーって思ったん
> だけどやっぱちょってない
> かなって思ってあったけど
> またおごってくれたらうれしいかんだら

すきなの!?
キライなの!?
どっちなの?!!

グラフならわかりやすいでしょ♡

うさこのキモチ

デスヨネー

ログ解析

　さらにログをせっかくとっても文字や数値ばかりではよくわからない！──そのためログをグラフ化（ログ解析）するなども行います。

　障害対応のときよく見るのはログですが，このログ常日頃から解析をしておくことでより速く原因をつきとめられるようになります！　流行りの「見える化」ですね。

　前回の構築業務でもありましたが，サーバを運用する際，バックアップをとっておく必要があります。

バックアップ

昔のことは忘れました

うそお!!

ビービー
ブーブー
ベーベー

自重かで

バックアップがちゃんと
とれているか確認したり

/とれてなかったらケータイに
アラート鳴るようにしたり

あぁナニモオモイ
ダセナイ…!

おもいだして！

おもひで

リカバリー
バックアップしていたものを戻す

Chapter 5
サーバ管理のこと

　バックアップをとるように設定しておいても本当にとれているのか？——ってことを自動で確認したり，データが消えてしまったからバックアップしてあったものを戻す（リカバリー）などの作業をします。

　「NO MORE! WARUUSA!」と言ってもやはり悪うささんは存在するもの。そのため，定期的に悪うささんから攻撃されていないかチェックしたり，セキュリティ的に悪うさ対策ができているかをチェックしたりします。予防対策ってことですね！

　これまでのことも相談されてのことですが，たとえばプログラムのことなどサーバのこと以外の相談をされることもあるんだとか。

　そのため，サーバエンジニアとしてそんなに必要なくてもプログラムのことも少しは知っておいたほうがいいかも？　サーバの勉強だけでも大変なのに！（笑）

5-4 ssh って何だろう？（その1）

いつもサーバの側にいれば，キーボードとモニターをつないで，設定変更作業を行えますが，サーバといつも一緒！！——というわけにはいかないですよね。そこで役立つのが「ssh」です。

……ということで今日はssh についてのお勉強です。

ssh とは Secure SHell（セキュア シェル）の略です。

Chapter 5
サーバ管理のこと

ssh (**S**ecure **Sh**ell)
えすえすえいち　　安全な　　殻

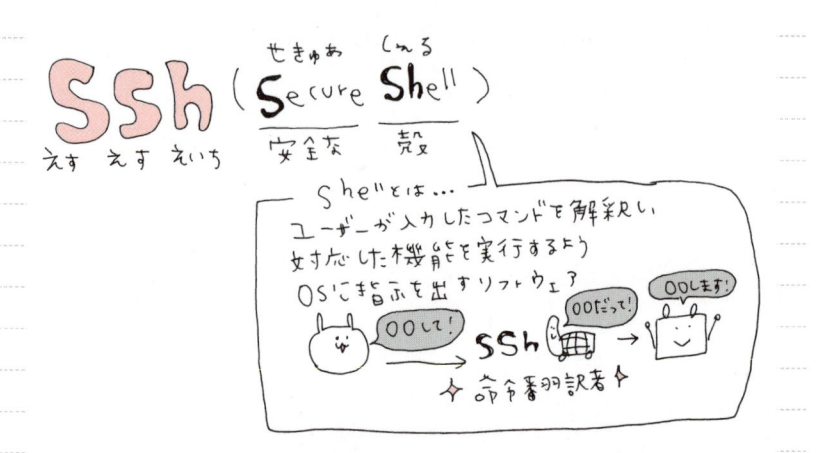

Shellとは…
ユーザーが入力したコマンドを解釈し、対応した機能を実行するようOSに指示を出すソフトウェア

○○して！ → ssh → ○○だって！ → ○○します！

☆命令番羽訳者☆

　sshとはサーバが目的どおり動くよう設定を編集したり、プログラムの開始や停止をするために、サーバを外部から操作したりするためのサーバ管理の必須ツールなのです！

　小悪魔はコマンドを理解できなくてブログの記事が書けなくてよくこんな状態になってました。

←こんな状態→

あたまぱんくしました。

5-4 sshって何だろう？（その1）

　たとえば，ファイルの削除なんてファイルのアイコンをゴミ箱に入れたら終わりジャン！コマンドなんて必要ないジャン！——って思うけれど，そのコンピュータから離れた場所から管理作業をするとしましょう。

　マウスとアイコンを使った方法（GUI）では，デスクトップ画面すべての情報をインターネット経由で送らないといけません。しかし文字だけで管理する方法（CUI）なら，やりとりするのは文字情報だけ送れば十分です。文字で管理する方法の方が，送るべきデータの量が圧倒的に少なくて済むのです。

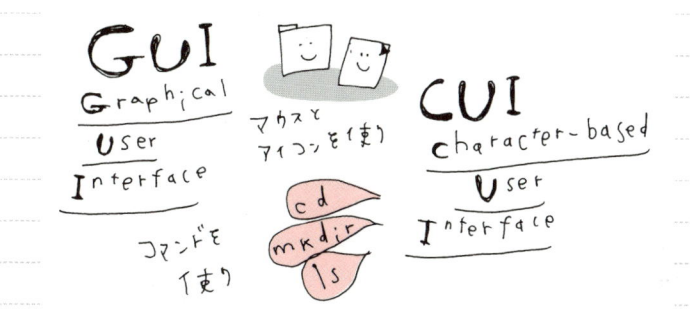

（図：GUI = Graphical User Interface（マウスとアイコンを使う） / CUI = Character-based User Interface（cd, mkdir, ls などコマンドを使う））

　sshを使えばネットワークを介して，離れた場所のサーバコンピュータにログインすることができるので，離れた場所からCUIでコマンドを実行することができるのです。

（図：ユーザ → ローカルホスト（ユーザーが使っているコンピュータのこと local host）→ sshクライアント → ネットワーク → sshサーバ → リモートホスト（ネットワークを介して接続した先の機器 ローカルホスト以外 remote host））

　ユーザーがローカルホストに入力したコマンドをsshクライアントが受け，ネットワークを通してsshサーバへ送り，リモートホストであるサーバコンピュータにコマンドを実行させます。

Chapter 5 サーバ管理のこと

5-5 sshって何だろう？（その2）

　前回, ssh では, ユーザーがローカルホストに入力したコマンドを ssh クライアントが受け, ネットワークを通して ssh サーバへ送り, リモートホストであるサーバコンピュータにコマンドを実行させているということがわかりました。

　しかし, この間にはさむネットワークはとても危険な空間です。

わるウサギさんたち

　システム管理作業では, 時に管理者のパスワードや, セキュリティ設定情報をやりとりします。もしインターネットを通じてシステム管理をすると, こういった機密度の高い情報がそのままの形でインターネットを流れてゆくことになります。途中で誰かが盗み見たり（盗聴）, 通信内容を偽造（改竄）する可能性はゼロではありません。

　ssh と似たしくみを持ったものに, telnet や rlogin などがありますが, パスワードをそのままネットワークに流してしまうなど, セキュリティに問題点が多くあります

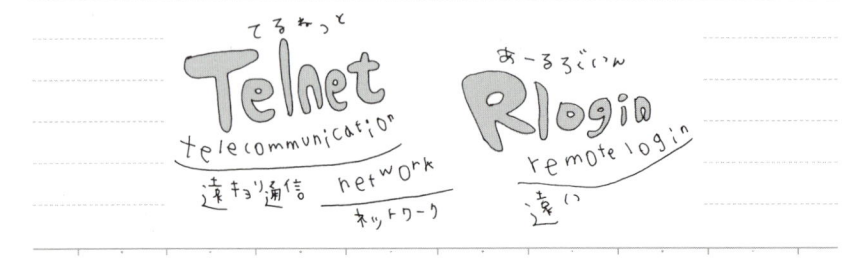

Telnet — telecommunication — 遠まわり通信 — network — ネットワーク

Rlogin — remote login — 遠い

5-5 ssh って何だろう？（その2）

そこで，ssh で行われるのは通信経路全体の暗号化です。

サーバ管理のこと

ssh では，ssh クライアントと ssh サーバの間での通信を暗号化しています。

そのため，もし途中で誰かが盗み見ようとしても，通信内容を知ることはとてもむずかしく，危険なネットワークを安全に通すことができるのです。

まとめだぁーん

1. SSHとは Secure Shell の略。
2. 自分のパソコン（ローカルホスト）からネットワークを介して自分以外のパソコン（リモートホスト）にログインすることができる。
3. そのため，リモートホストのコマンド実行ができる
4. ネットワークは危険な空間
5. telnet や rlogin とのちがいは通信の暗号化
6. SSHは通信を暗号化することで危険なネットワークを安全に通れるようにしている。

Chapter 5 サーバ管理のこと

5-6 暗号化はそんなに必要なのかな？

前回のおさらい

- **SSh** はローカルホスト（自分のパソコン）からネットワークを通してリモートホスト（自分以外のパソコン）にログインすることで、通信を暗号化することで危険なネットワークを安全に通れるようにしていました。

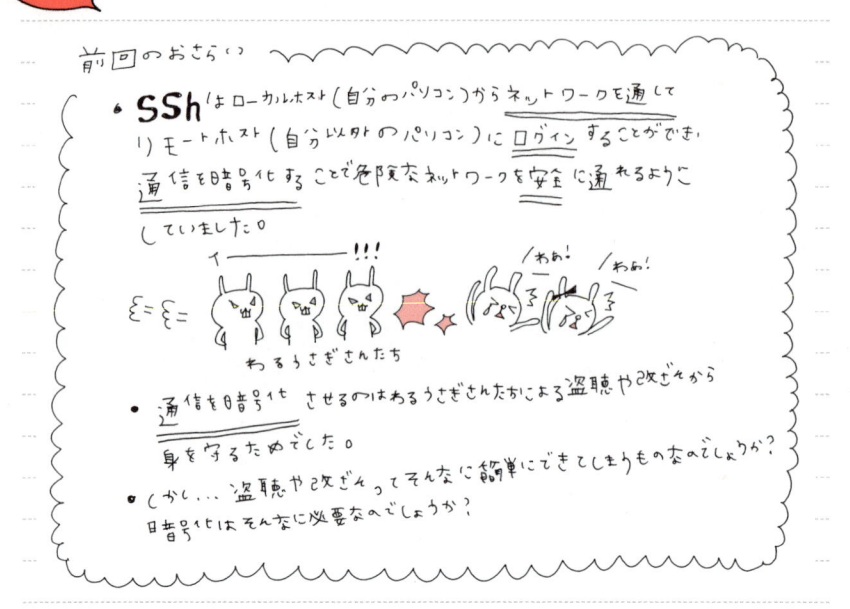

わるうさぎさんたち

- 通信を暗号化させるのはわるうさぎさんたちによる盗聴や改ざんから身を守るためでした。

- しかし...盗聴や改ざんってそんなに簡単にできてしまうものなのでしょうか？暗号化はそんなに必要なのでしょうか？

今回は、

そもそも暗号化って必要なの？　今日はサメさん！

tshark を使って生データの危険性を検証しました！

tshark てぃーしゃーく

tsharkを使えばネットワーク上を流れるデータ（パケット）を覗くことができます

目のはなたてるサメさーん♡
流れるパケウサごんたち

5-6 暗号化はそんなに必要なのかな？

　このツールを使えば，ssh で暗号化されていない情報がもしかしたら見れてしまう（盗聴できる）かも？

　ということで，今回は生データの危険性を tshark を使って検証してみました！

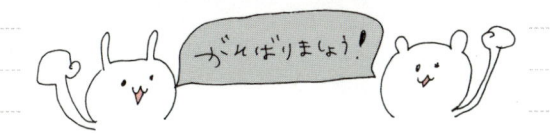

　今回は IP アドレス○○○.○○○.○○○.○○○（以下 A とします）から●●●.●●●.●●●.●●●（以下 B とします）に ssh や telnet をし，検証しました。

ターミナルを 2 つ開き，片方には，

`ssh [アカウント名]@[A の IP アドレス]`

と入力して，A にログインします。
　もう片方には，

`ssh [アカウント名]@[B の IP アドレス]`

と入力して，B にログインします。

Chapter 5

サーバ管理のこと

今回は，AからBにsshやtelnetをする（AからBにログインする）ので，Bのターミナルに，パケット内容を表示させるために，

```
tshark -x -i eth1 host [AのIPアドレス] and port 23
```

と入力しておきます。

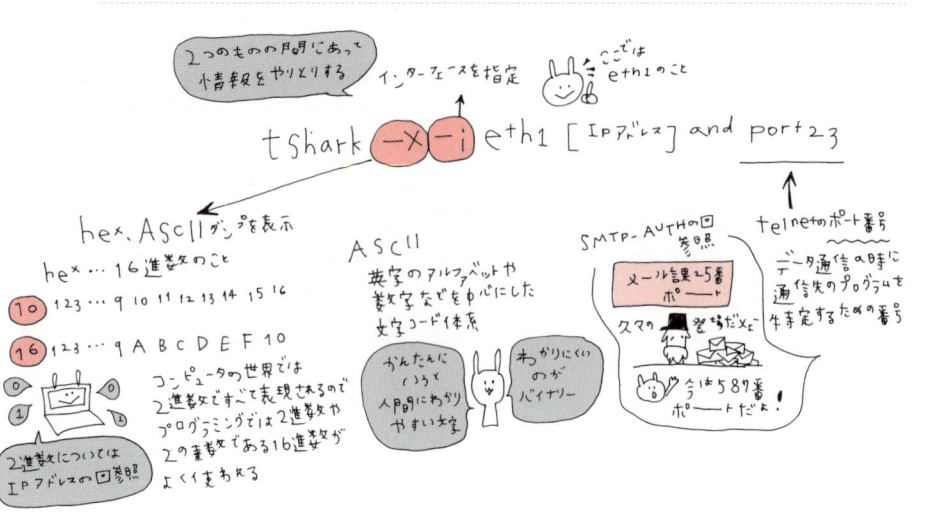

（手書き注釈）
- 2つのものの間にあって情報をやりとりする
- インターフェースを指定　ここではeth1のこと
- `-x` hex, ASCIIダンプを表示
  - hex…16進数のこと
  - 10進数: 1 2 3 … 9 10 11 12 13 14 15 16
  - 16進数: 1 2 3 … 9 A B C D E F 10
  - 2進数についてはIPアドレスの回参照
- ASCII: 英字のアルファベットや数字などを中心にした文字コード体系
  - かんたんにいうと人間にわかりやすい文字
  - わかりにくいのがバイナリー
- SMTP-AUTHの回参照: メール言葉は5番ポート　クマの登場だよ　今は587番ポートだよ
- telnetのポート番号: データ通信の時に通信先のプログラムを特定するための番号

Aのほうのターミナルには，

```
telnet [BのIPアドレス]
```

と入力します。

すると，

```
Trying [BのIPアドレス]
```

……と表示されるので，

```
login :[アカウント名]
password :[パスワード]
```

を入力します。

5-6 暗号化はそんなに必要なのかな？

すると，BのほうのターミナルにAのターミナルからtelnetで送られているパケットが表示されます。

たとえば，Aのターミナルに「ls -la」と入力すると，Bのターミナルで「ls -la」で見られる内容が「B -> A TELNET Telnet Data ……」のなかで見れてしまったりします。

ls -laを入力するとAのターミナルにこのように出ました。下から2番目にusakumaとあるのがわかります。

```
total 40
drwx------  3 aico mail 4096 Jul 29 23:27 .
drwxr-xr-x 13 root root 4096 Jul 29 12:50 ..
-rw-------  1 aico mail  899 Jul 30 10:18 .bash_history
-rw-r--r--  1 aico mail   33 Jul 29 12:50 .bash_logout
-rw-r--r--  1 aico mail  176 Jul 29 12:50 .bash_profile
-rw-r--r--  1 aico mail  124 Jul 29 12:50 .bashrc
drwx------  5 aico mail 4096 Jul 29 12:50 Maildir
-rw-r--r--  1 aico mail    5 Jul 29 23:27 usakuma
-rw-------  1 aico mail  589 Jul 29 23:27 .viminfo
```

するとBのターミナルにはこのように表示されます。真ん中の数字が16進数，右がASCIIダンプです。

ASCIIダンプの下から5，6行にかけてusakumaと表示されちゃってますよね。ほかにもls -laでAにでてきた文字が見れてしまっています。

```
0000  00 1e c9 bb d7 2b 00 1d 09 f0 87 c6 08 00 45 10  .....+........E.
0010  01 2f d7 17 40 00 40 06 07 c8 7d 06 b0 5c 7d 06  ./..@.@...}..\}.
0020  b0 70 00 17 89 1a 87 a1 43 4a a5 cf 2f 99 80 18  .p......CJ../...
0030  00 2e 5b fb 00 00 01 01 08 0a b2 68 f2 56 f0 8d  ..[........h.V..
0040  7e 11 2d 72 77 2d 72 2d 2d 72 2d 20 20 31 20 20  ~.-rw-r--r-- 1
0050  61 69 63 6f 20 6d 61 69 6c 20 20 31 32 34 20 4a  aico mail  124 J
0060  75 6c 20 32 39 20 31 32 3a 35 30 20 1b 5b 30 30  ul 29 12:50 .[00
0070  6d 2e 62 61 73 68 72 63 1b 5b 30 30 6d 0d 0a 64  m.bashrc.[00m..d
0080  72 77 78 2d 2d 2d 2d 2d 2d 20 20 35 20 61 69 63  rwx------  5 aic
0090  6f 20 6d 61 69 6c 20 34 30 39 36 20 4a 75 6c 20  o mail 4096 Jul
00a0  32 39 20 31 32 3a 35 30 20 1b 5b 30 31 3b 33 34  29 12:50 .[01;34
00b0  6d 4d 61 69 6c 64 69 72 1b 5b 30 30 6d 0d 0a 2d  mMaildir.[00m..-
00c0  72 77 2d 72 2d 2d 72 2d 2d 20 20 31 20 61 69 63  rw-r--r--  1 aic
00d0  6f 20 6d 61 69 6c 20 20 20 20 35 20 4a 75 6c 20  o mail    5 Jul
00e0  32 39 20 32 33 3a 32 37 20 1b 5b 30 30 6d 75 73  29 23:27 .[00mus
00f0  61 6b 75 6d 61 1b 5b 30 30 6d 0d 0a 2d 72 77 2d  akuma.[00m..-rw-
0100  2d 2d 2d 2d 2d 2d 20 20 31 20 61 69 63 6f 20 6d  -------  1 aico m
0110  61 69 6c 20 20 35 38 39 20 4a 75 6c 20 32 39 20  ail  589 Jul 29
0120  32 33 3a 32 37 20 1b 5b 30 30 6d 2e 76 69 6d 69  23:27 .[00m.vimi
0130  6e 66 6f 1b 5b 30 30 6d 0d 0a 1b 5b 6d           nfo.[00m...[m
```

こんな感じでパスワードなどの大事な情報もそのままの状態で流れてしまったり……。

Chapter 5

サーバ管理のこと

今度はBのターミナルに，

```
shark -x -i eth1 host [AのIPアドレス] and port 22
```

と入力します。

さっきは port 23 でしたが，今度は port 22 です。これは ssh のポート番号です。

Aのほうのターミナルには，

```
ssh [AのIPアドレス]
```

と入力します。

すると，今度はBのターミナルには，Aのターミナルからsshで送られているパケットは何がかいてあるかわからない状態で表示されます。

```
0000  00 1e c9 bb d7 2b 00 1d 09 f0 87 c6 08 00 45 00   .....+........E.
0010  00 48 c7 b2 40 00 40 06 18 24 7d 06 b0 5c 7d 06   .H..@.@..$}.\}.
0020  b0 70 00 16 84 17 79 db 96 c1 98 e2 e8 0a 80 18   .p....y.........
0030  00 2e 5b 14 00 00 01 01 08 0a ad fe 51 79 ec 22   ..[.........Qy."
0040  df 7e 53 53 48 2d 32 2e 30 2d 4f 70 65 6e 53 53   .~SSH-2.0-OpenSS
0050  48 5f 34 2e 33 0a                                 H_4.3.
```

ほとんど「...」になっていて読めなくなっています。これは，ssh が通信を暗号化しているからです。

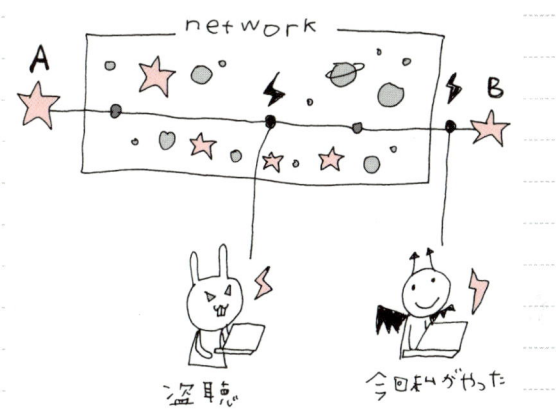

5-6 暗号化はそんなに必要なのかな？

本当は上のイラストでわるうさぎさんが盗聴をしているような、通信をするAとBの間で盗聴は行われます。今回は環境がなかったのでBの場所で行いました。

暗号化されていないとAとBの間にわるうさぎさんが入り込めれば（簡単には入り込めないですけどね）盗聴できてしまいます。

AとBへのログイン権限を持っていなくてもモニタリングできてしまうことはとても問題です。

Chapter 5 サーバ管理のこと

5-7 ログからアタックのすごさを見てみよー！

今日は，ログからアタックのすごさを見てみることにしました。

ログからアタックのすごさを解説してみましたー！

アタックとは，悪意をもって他のコンピュータのデータやプログラムを盗み見ようとしたり，改ざんしようとしたりする攻撃のことです。

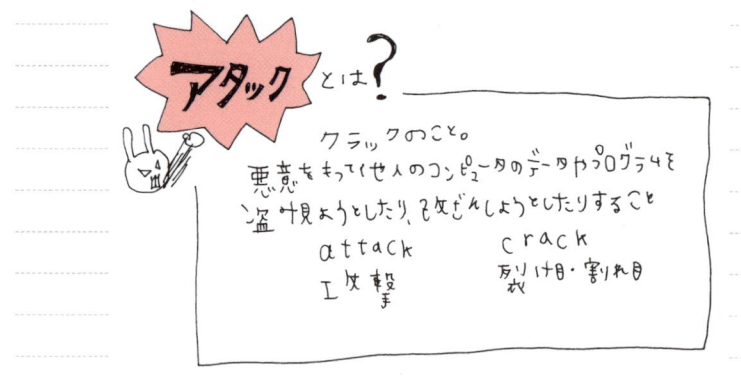

アタックとは？

クラックのこと。
悪意をもって他人のコンピュータのデータやプログラムを盗み見ようとしたり，改ざんしようとしたりすること
attack　　　crack
攻撃　　　割け目・割れ目

今回は会社の方にログを頂いてアタックのすごさを見てみました！

```
Mar 29 12:22:21 ecosign sshd[32760]: Invalid user matsuno from 209.9.188.68
Mar 29 12:22:25 ecosign sshd[32766]: Invalid user tokutake from 209.9.188.68
Mar 29 12:22:28 ecosign sshd[1333]: Invalid user yamaguci from 209.9.188.68
Mar 29 12:22:31 ecosign sshd[1339]: Invalid user okawara from 209.9.188.68
Mar 29 12:22:35 ecosign sshd[1345]: Invalid user sakuma from 209.9.188.68
Mar 29 12:22:38 ecosign sshd[1352]: Invalid user iwa from 209.9.188.68
Mar 29 12:22:42 ecosign sshd[1358]: Invalid user jackie from 209.9.188.68
```

5-7 ログからアタックのすごさを見てみよー！

これはそのほんの一部です。

秒単位でアタックがきています。

　前回，「暗号化されていないとAとBの間にわるうさぎさんが入り込めれば（簡単には入り込めないですけどね）……」と書きましたが，わるうささんはこんな感じで悪いことをしようとがんばってたりします。

　このログを見ると，userの右隣がアタックしている人が試しているアカウント名です。yamaguci，sakumaなど，ユーザー名をよくある名字や名前を入れてコンピュータに侵入しようとしているのがわかります。一番下のjackieなんて面白いですね:)

　このように秒単位で何度も何度も違うユーザー名を考えながらアタックを繰り返すのはとても大変ですが，万が一そのアタックが成功してしまってはこちらも困ってしまうわけです。

　そのため，アタックによって危険が及ばないようにするためにアクセス制限というものがあります！

Chapter 5 サーバ管理のこと

5-8 IP制限をしてみよう！

前回見たアタックを回避するための方法の1つとして，IPアドレスの制限というものがあります。

sshのIPアドレス制限では，/etc/hosts.allowと/etc/hosts.denyの2つのファイルに設定することで，特定のIPを拒否したり，自分以外のIPすべてを拒否したりします。

今回は，私が利用しているIPアドレス以外のIPアドレスを拒否する設定をしました。

5-8 IP制限をしてみよう！

設定の仕方　がんばえー！

```
$ ssh [サーバ名]
```

でサーバに接続して，パスワードを入力

```
$ su
```

でroot権限に

```
# vi /etc/hosts.deny
```

で/etc/hosts.denyの編集です。iで編集モードにしてsshd ： ALLと一番下に書き，Escで編集を終わらせ，:wqで保存して終了です。

この状態にすると，すべてのIPアドレスが拒否されます。

ターミナルをもう1つ開いて，

```
$ ssh [サーバ名]
```

と入力してもログインできなければ設定ができています。

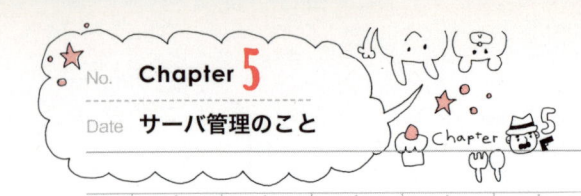

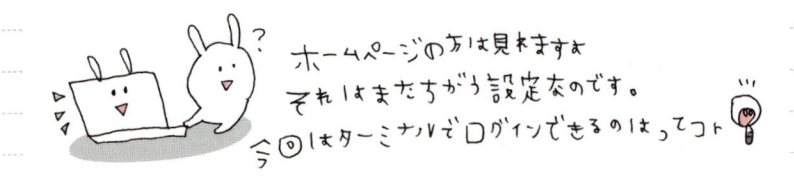

Chapter 5
サーバ管理のこと

次に /etc/hosts.allow の設定をしましょう。

```
# vi /etc/hosts.allow
```

で /etc/hosts.allow の編集をします。i で編集モードにして，sshd : [許可する IP アドレス（ここでは自分の）] と書き，Esc で編集を終わらせて :wq で保存して終了します。

すると今度は自分の IP アドレス（許可された IP アドレス）のみでログインして入ることができます。

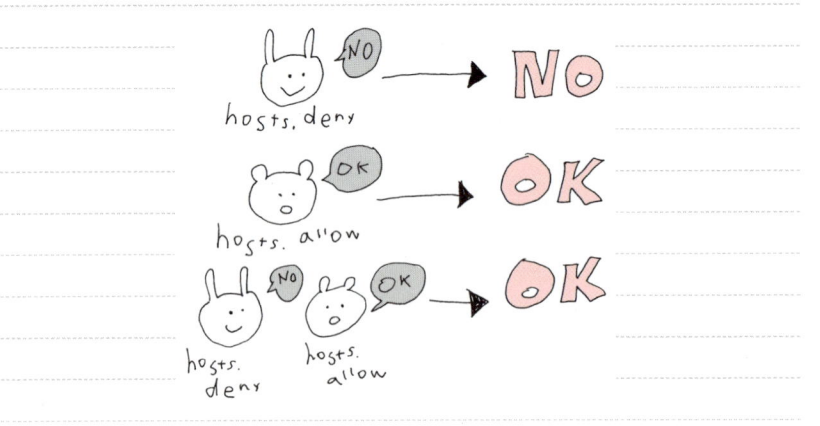

/etc/hosts.deny で設定されていても，/etc/hosts.allow で許可されていれば，その IP アドレスから入ることが可能です。

5-8 IP制限をしてみよう！

もう1つ開いていたターミナルで，

```
$ ssh ［サーバ名］，パスワード
```

と入力し，パスワードを入れてログインできれば設定できています。

sshdとは？

sshd → daemon でーもん

システムを維持したりユーザーにサービスを提供したりする。
sshdはsshのサービスを実行するプログラム
このプログラムが動いているサーバーではSSHを使って
ログインすることができる

demon（悪魔）じゃなくて
daemon（守護神）だよ

かげではたらく
えらいうすでーもん

なんかもうダレ？

小豆さんのデーモンとはまたちがうのデス

まとめ

```
$ ssh ［サーバ名］
パスワード入力
$ su
パスワード入力
# vi /etc/hosts.deny

sshd : ALL

# vi /etc/hosts.allow

sshd : ［許可するIPアドレス］
```

今回 /etc/hosts.deny と /etc/hosts.allow で IPアドレス制限の設定ができたのは，sshd が TCPwrapper のライブラリを利用しているからです。

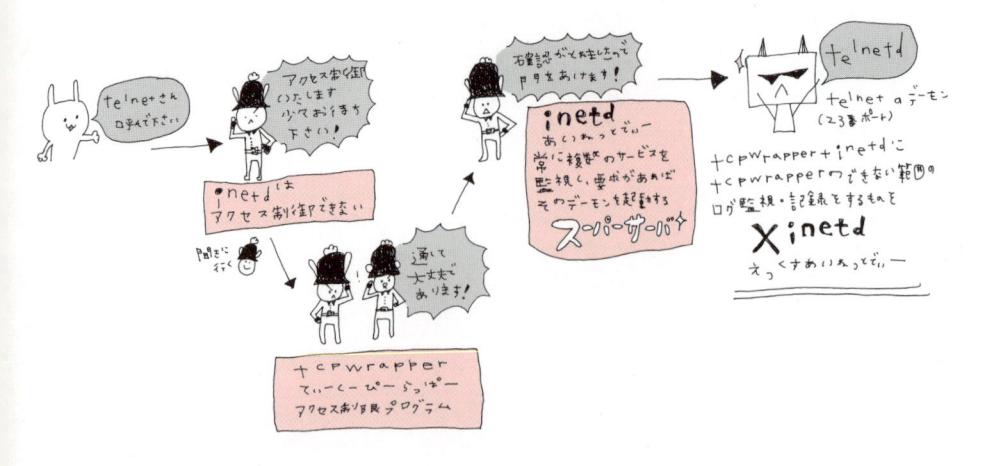

Chapter 5 サーバ管理のこと

(図: telnetクライアントがinetd経由でtelnetdへアクセスする様子)
- telnetさんを呼んで下さい
- アクセス制御いたします 少々お待ち下さい！
- 本人認証ができたので門を開けます！
- telnetのデーモン (23番ポート)
- inetd あいねっとでぃー 常に複数のサービスを監視し，要求があればそのデーモンを起動するスーパーサーバ ✨
- inetdはアクセス制御できない
- 聞きに行く
- 通して大丈夫あります！
- tcpwrapper てぃーしーぴーらっぱー アクセス制限プログラム
- tcpwrapper+inetdにtcpwrapperのできない範囲のログ監視・記録をするものを xinetd えっくすあいねっとでぃー

　もともとTCP Wrapperとは，スーパーサーバであるinetdで利用されるアクセス制限のプログラムです。

　inetdとは，複数のサービスを監視し，要望があればそのデーモンを起動するためのスーパーサーバです。スーパーサーバを使うといつでもクライアントの要求を受けるために複数のサーバを起動しつづけてCPUやメモリが消費されるのを抑えることができます。

　また，TCP Wrapperとinetd（＋α）の機能をもったxinetdが最近では使われています。

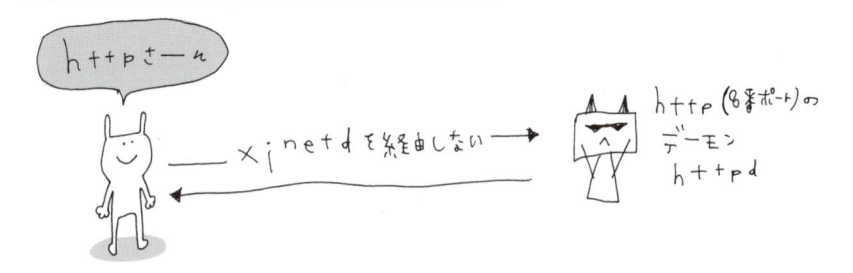

(図: httpクライアントがxinetdを経由せずhttpdへ直接アクセス)
- httpさーん
- xinetdを経由しない
- http (8番ポート) のデーモン httpd

　しかし，スーパーサーバを経由すると通信速度は遅くなるため，httpなど接続要求の多いデーモンではスーパーサーバを経由することはありません。

5-8 IP制限をしてみよう！

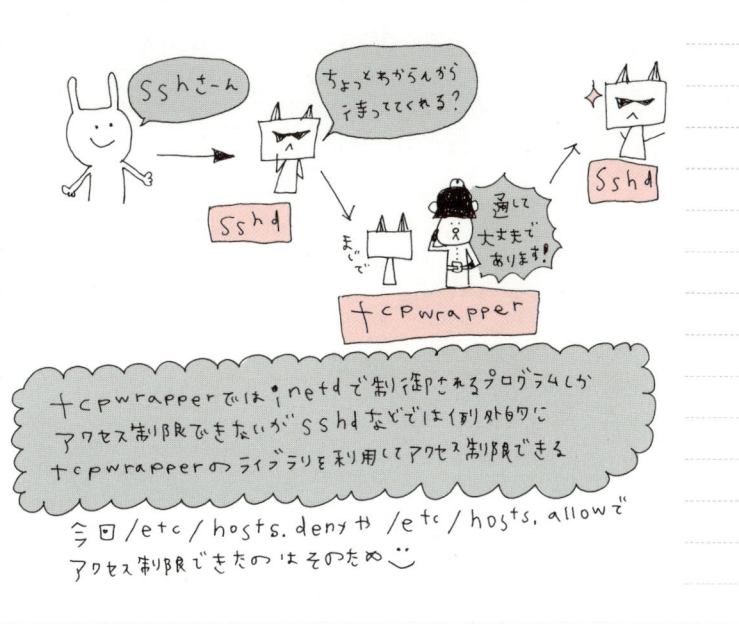

今回，/etc/hosts.denyや/etc/hosts.allowを編集することでsshでIPアドレス制限ができたのは，/etc/hosts.denyと/etc/hosts.allowがTCP Wrapperの設定ファイルで，sshがTCP Wrapperのライブラリを使用しているからなのです。

TCP Wrapperは，スーパーサーバであるinetdだけで使用されていたプログラムですが，sshでもTCP Wrapperライブラリを利用することによってアクセス制限ができるようになっているのです。

Chapter 5 サーバ管理のこと

5-9 共通鍵方式と公開鍵方式

sshでは，共通鍵方式と公開鍵方式の2つのKEY認証の方式を利用しており，それぞれの弱点を補いながら通信データの暗号化をしています。

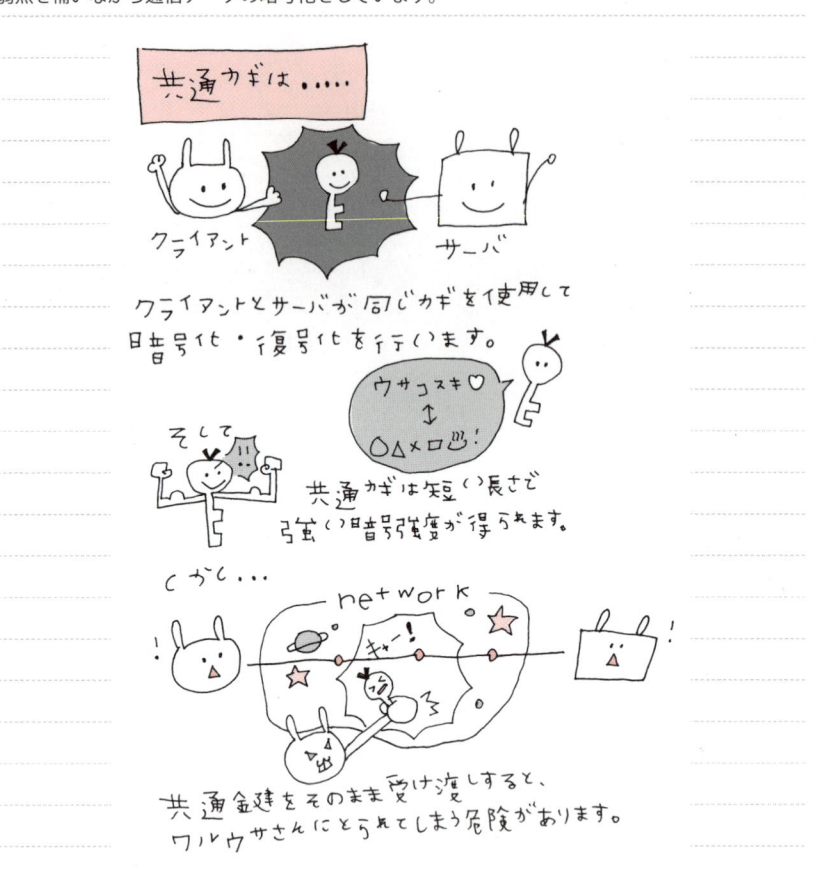

共通鍵方式は，クライアントとサーバがお互い同じ鍵を使用して暗号化と復号化を行います。

共通鍵方式では，お互いに同じ共通鍵を持っていなければ解読することはできません。また，共通鍵はCPUパワーをあまり使わずに強い暗号強度を得ることができます。

しかし，共通鍵方式は，1つの鍵で暗号化と復号化を行うため，ネットワークにそのまま流してしまうと，鍵が第3者にわたって通信データを盗聴されてしまう危険があります。

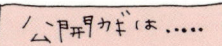

5-9 共通鍵方式と公開鍵方式

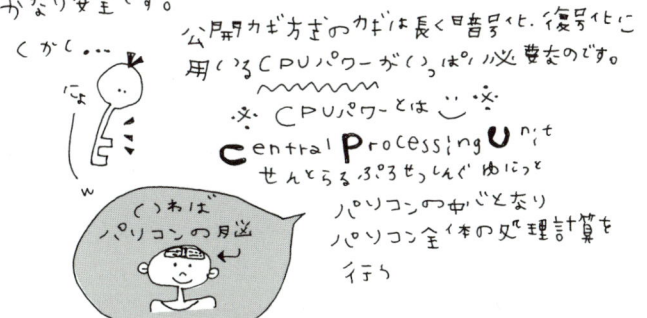

公開鍵方式は、暗号化をする公開鍵と復号化をする秘密鍵の2つの鍵を使います。

暗号化に使う公開鍵はネットワークに流しますが、復号化を行う秘密鍵を流すことはないのでかなり安全に通信を行うことができます。

しかし、公開鍵方式は、効率が悪く、CPUパワーをたくさん使ってしまいます。

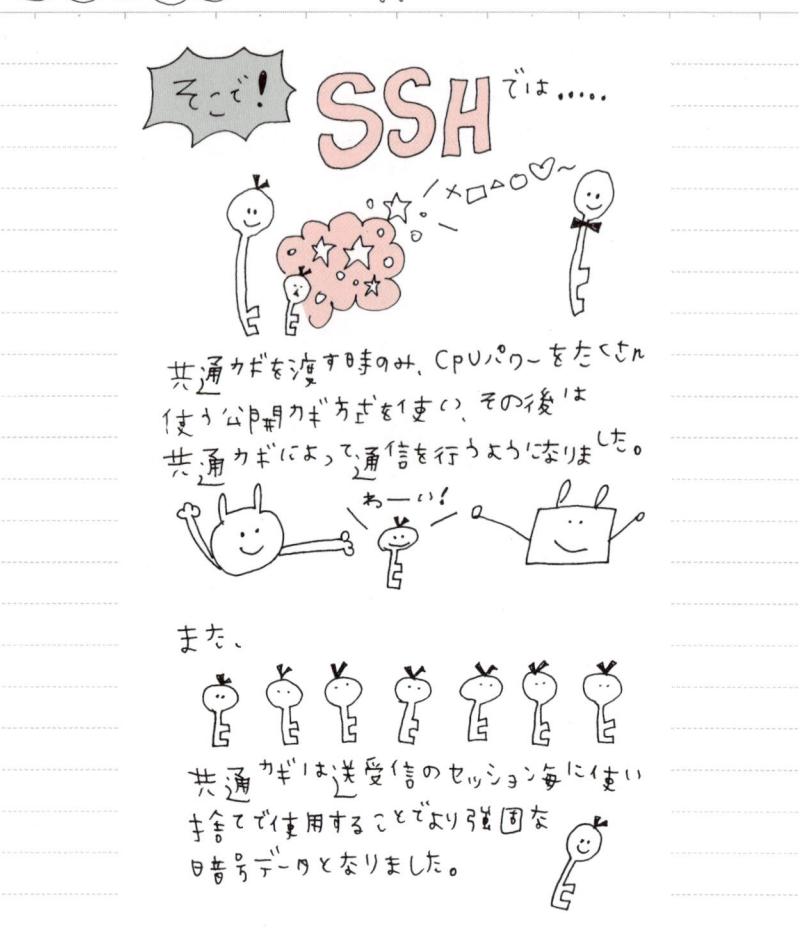

Chapter 5 サーバ管理のこと

　そこで，sshでは，共通鍵を渡す時にのみ公開鍵方式を使って暗号化・復号化を行い，共通鍵を渡した後は共通鍵を使って通信を行うようになりました。

　また，共通鍵を送受信のセッションごとに使い捨てで使用することで，通信データはより強固なものとなりました。

5-10 ホスト認証のしくみ

前節で通信要求をしてきた IP アドレスは登録されているものなのかを，確認することでアクセス制限を行いましたが，今回は「鍵を持っているのか？」を確認することによるアクセス制限，KEY 認証を勉強しました。

KEY 認証が適用されていない状態で通信要求をすると，ホスト認証とパスワード入力が行われます。

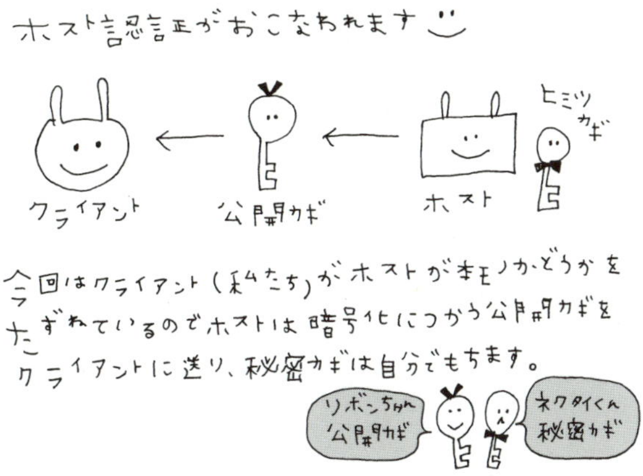

ホスト認証がおこなわれます :)

クライアント ← 公開カギ ← ホスト ヒミツカギ

今回はクライアント（私たち）がホストが本モノかどうかをたずねているのでホストは暗号化につかう公開カギをクライアントに送り，秘密カギは自分でもちます。

リボンちゃん 公開カギ　　ネクタイくん 秘密カギ

この時，公開鍵暗号が使われ，ホストはクライアントに公開鍵を送信します。

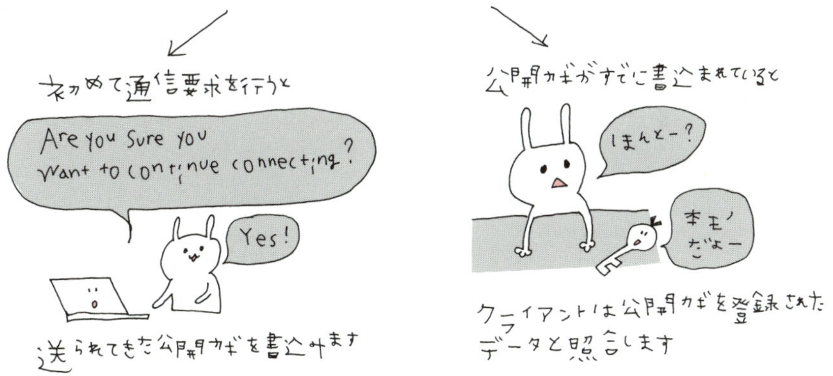

初めて通信要求を行うと
Are you sure you want to continue connecting?
Yes!
送られてきた公開カギを書込みます

公開カギがすでに書込まれていると
ほんとー？
本モノだよー
クライアントは公開カギを登録されたデータと照合します

Chapter 5

サーバ管理のこと

初めて通信要求を行った時

> Are you sure you want to continue connecting (yes/no)?

と聞かれ，yes と答えます。

これは，送られてきた公開鍵を登録するかを聞かれているのです。

また，すでに登録されている場合は，データとの照合が行われます。

クライアントは通信に使う共通鍵を作成し，ホストから送られてきた公開鍵で暗号化してホストに送信します。

ホストは受け取ったデータを秘密鍵で復号化して共通鍵を得ます。復号化をできる＝秘密鍵を持っている＝本物と認められます。

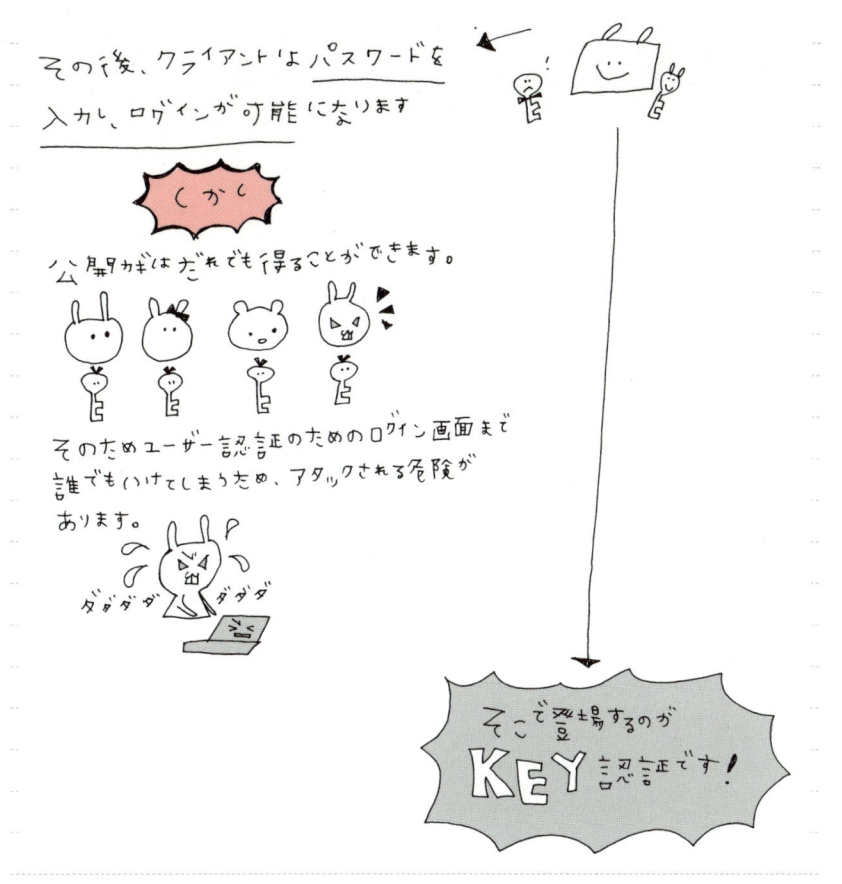

5-10 ホスト認証のしくみ

その後、クライアントはパスワードを入力し、ログインが可能になります

しかし

公開かぎはだれでも得ることができます。

そのためユーザー認証のためのログイン画面まで誰でもいけてしまうため、アタックされる危険があります。

ダダダダ　ダダダ

そこで登場するのが **KEY** 認証です！

　その後「クライアントはユーザーは本物なのか？」とパスワードを尋ねられ、クライアントは共通鍵で暗号化したパスワードをホストに送ります。
　しかし、公開鍵は誰でも得ることができるため、ログイン画面までは誰でも行くことができます。そのため、この方法だと前々回勉強したようなアタックの危険があります。
　そこで登場するのが KEY 認証です！

Chapter 5 サーバ管理のこと

5-11 公開鍵暗号方式によるユーザー認証のしくみ

KEY認証でも同じようにホスト認証が行われますが，パスワードではなく，鍵を使ってユーザー認証を行います。

クライアントはつくった公開カギをホストのファイルに登録します。

最初にクライアントは作った公開鍵をホストのファイルに登録しておく必要があります。次に，

```
$ ssh ［サーバ名］
```

と入れてホストに通信要求すると，ホスト認証が始まります。

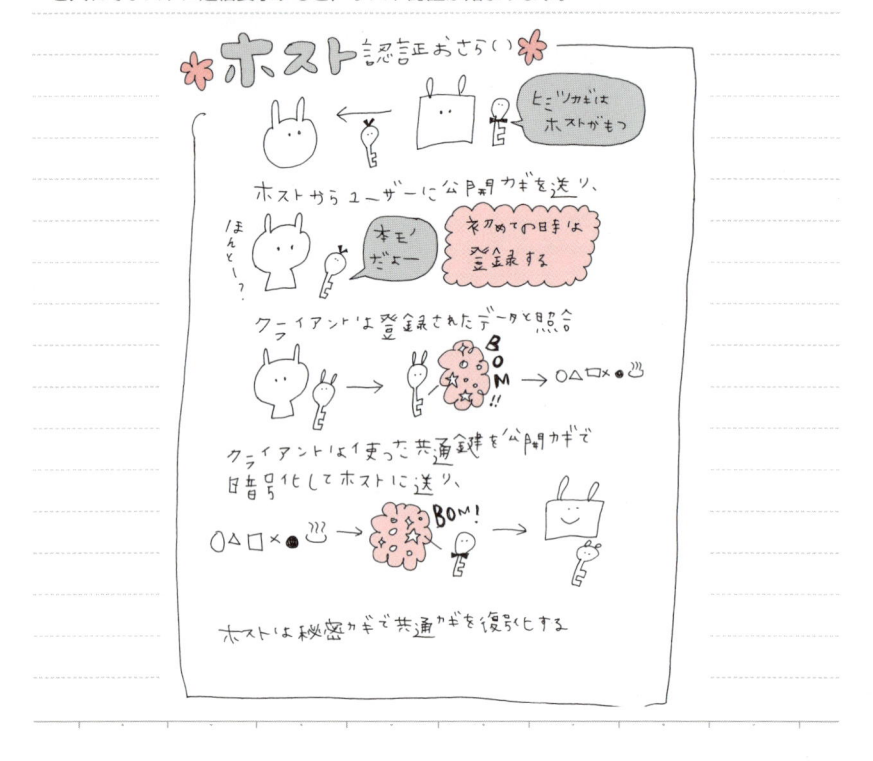

ホスト認証おさらい

- ヒミツカギはホストがもつ
- ホストからユーザーに公開カギを送り，初めての相手は登録する（本モノだよー／ほんと…？）
- クライアントは登録されたデータと照合 BOM!!
- クライアントは使った共通鍵を公開カギで暗号化してホストに送り，BOM!
- ホストは秘密カギで共通カギを復号化する

236

5-11 公開鍵暗号方式によるユーザー認証のしくみ

ホスト認証によって正しいホストであると認証されると、ユーザー認証が始まります。

サーバ側はランダムな値をつくり、送られてきた公開カギによって暗号化してクライアントに送ります。

アイス食べたい

サーバはランダムな値を生成し、事前に登録してあるクライアントの公開鍵によって暗号化してクライアントに送ります。

クライアントはパスフレーズを要求されるためパスフレーズを入力し、正しければホストにログインすることができます。

パスフレーズは秘密カギを使ってもよいよという認証をもらうためのパスワードのようなものです

↓パスフレーズってこんなかんじ？らしい↓

しゃららーん

ちちんぷいぷい
ひらけゴマ♡

的なもの（らしい）

※サーバ管理のこと

Chapter 5
サーバ管理のこと

　ホストから暗号を受け取ったクライアントは自分の秘密鍵でその暗号を復号化をします。しかし、この秘密鍵を使うためにはパスフレーズが必要です……。パスフレーズは秘密鍵を使うために必要なパスワードのようなものです。パスフレーズを正しく入力できないと、そのクライアントは正しい秘密鍵の持ち主ではないとされてしまいます。

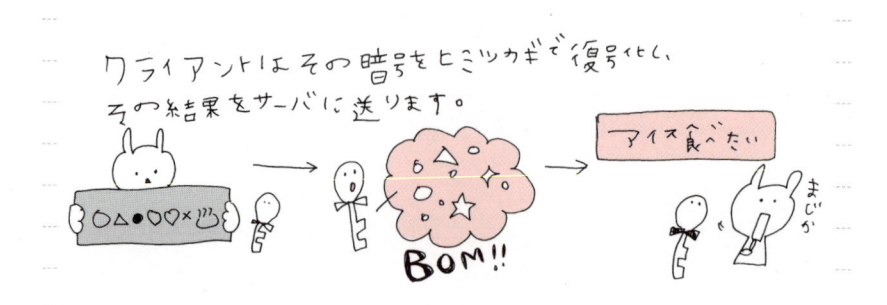

クライアントはその暗号をヒミツカギで復号化し、その結果をサーバに送ります。

　正しくパスフレーズを入力できたら、クライアントはその秘密鍵でホストから送られてきた暗号を復号化して、その結果をホスト認証の時に作った共通鍵で暗号化して送ります。

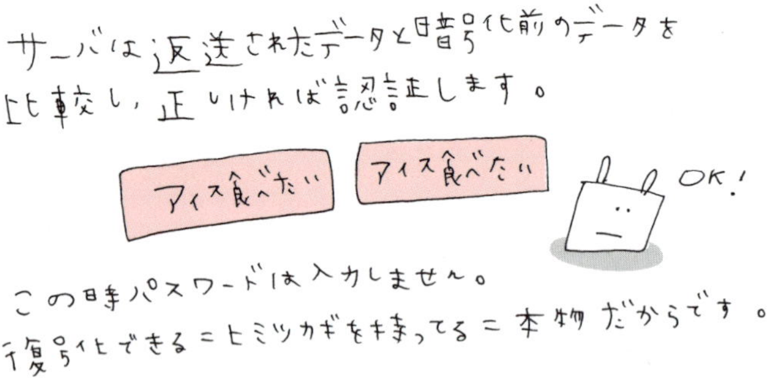

サーバは返送されたデータと暗号化前のデータを比較し、正しければ認証します。

この時パスワードは入力しません。復号化できる＝ヒミツカギを持ってる＝本物だからです。

　サーバは返送されたデータと暗号化前のデータを比較して正しければ本物のクライアントであると認証します。

おわりに

本書をお読みいただきありがとうございました。

この本は，2010年3月から始めた本書のタイトルと同じ『小悪魔女子大生のサーバエンジニア日記』というブログを書籍化したものです。

このブログを開設したのには2つのきっかけがありました。

1つは自分が会社で新卒採用を始めた際に，サーバエンジニアという職業がマイナーすぎて説明が難しく，何とかしたいと思っていたこと。

そして，もう1つは，絵を描くのが大好きな「小悪魔女子大生」がアルバイトとして入社してきたことです。

この2つのきっかけから，どちらかというとインターネットに詳しくない普通の女子大生に，大学生の立場としてサーバエンジニアのお仕事をイラスト付きで解説してもらえば面白くて役に立つものができるのでは——というアイディアを思いつき，このブログが生まれました。

おわりに

　ブログを始めた当初は，未経験者向けの内容での展開を考えていたのですが，こちらの想像以上に「小悪魔女子大生」aicoさんの理解力・表現力が優れていたため，最終的には未経験者向けというよりも，インターネットの概念的な勉強をしないまま，現場で働いてきたエンジニアやディレクターにとって役立つ内容になっていると思います。

　また，IT業界で長く仕事をされているエンジニアの方にも，概念の整理をしたり，このかわいいイラストに癒されたり，または話のネタとしても，役立てていただけるのではないかと思っています。

　この本を読んで，インターネットの世界をより深く感じていただき，仕事や趣味に生かしていただければ幸いです。

　最後に，小悪魔ブログの書籍化のきっかけを作ってくださったgothedistanceさん，インターネット上でブログを話題にしてくださった読者の方々，この本を出版するにあたり，監修を快く引き受けてくださった慶應義塾大学　村井純教授，いろいろなご助言とご調整を頂いた技術評論社の池本様に，心から感謝致します。

2010年12月
株式会社ディレクターズ取締役　加藤慶

著者プロフィール

aico

1990年3月17日生まれ。魚座AB型。
都内の大学のフランス文学科に通う3年生。（もうすぐ4年生！）
（株）ディレクターズでアルバイト中。
絵を描くのが好きで，手帳に絵を描いていたところ，イラスト付きのサーバエンジニア日記を書くことになる。
ちなみに愛用の手帳はトラベラーズノートとMOLESKINE。ペンはPILOTのHI-TEC-Cの0.3のクロ。パソコンはMacBookAir。
最近買った一番高いものはOLYMPUS PEN EL-1
小さい頃のあこがれの人はドキンちゃん！
好きな食べ物はアイスクリーム（ハーゲンダッツ！）で嫌いな食べ物はバナナ。
好きなことはお絵描き，写真，買い物，カフェ巡り。
嫌いなことは早寝早起き。

加藤慶 (かとう　けい)

株式会社ディレクターズ　代表取締役
静岡出身のSSLをこよなく愛する38歳。武蔵大学経済学部卒。会計コンサル業界からIT業界に1999年に転身。ライブドアに上場前から上場廃止まで在籍していたため話のネタには困らない。
2007年にディレクターズを創業しホスティング事業を中心に活動中。

DIRECTORZ...♡

小悪魔女子大生の
サーバエンジニア日記
──インターネットやサーバの
しくみが楽しくわかる

2011年 2月25日　初版　第1刷発行
2022年 9月 2日　初版　第6刷発行

著者　　aico，株式会社ディレクターズ
監修　　村井 純
発行者　片岡 巖
発行所　株式会社技術評論社
　　　　東京都新宿区市谷左内町 21-13
　　　　電話　03-3513-6150　販売促進部
　　　　電話　03-3513-6170　雑誌編集部
印刷／製本　日経印刷株式会社

定価はカバーに表示してあります。

本書の一部または全部を著作権法の定める範囲を越え，無断で複写，複製，転載，あるいはファイルに落とすことを禁じます。

©2011　aico，株式会社ディレクターズ

造本には細心の注意を払っておりますが，万一，乱丁（ページの乱れ）や落丁（ページの抜け）がございましたら，小社販売促進部まで送りください。送料負担にてお取替えいたします。

ISBN 978-4-7741-4522-8 C3055
Printed in Japan

■著者
aico，株式会社ディレクターズ

■監修
村井純（慶應義塾大学）

■Staff
本文設計・組版　●BUCH⁺ 伊勢歩
装丁　　　　　　●簑原圭介＋Rocket Bomb
カバーイラストレーション・イラストレーション
　　　　　　　　●aico
Webページ　　　●http://gihyo.jp/book/2011/978-4-7741-4522-8

※本書記載の情報の修正・訂正については当該Webページで行います。

■お問い合わせについて
●ご質問は，本書に記載されている内容に関するものに限定させていただきます。本書の内容と関係のない質問には一切お答えできませんので，あらかじめご了承ください。
●電話でのご質問は一切受け付けておりません。FAXまたは書面にて下記までお送りください。また，ご質問の際には，書名と該当ページ，返信先を明記してくださいますようお願いいたします。
●お送りいただいた質問には，できる限り迅速に回答できるよう努力しておりますが，お答えするまでに時間がかかる場合がございます。また，回答の期日を指定いただいた場合でも，ご希望にお応えできるとは限りませんので，あらかじめご了承ください。

＜問合せ先＞
〒162-0846　東京都新宿区市谷左内町 21-13
株式会社技術評論社　雑誌編集部
「小悪魔女子大生のサーバエンジニア日記」係
FAX　03-3513-6173